食品生物工艺专业改革创新教材系列

审定委员会

主　任　余世明

委　员　（以姓氏笔画为序）

王　刚　刘海丹　刘伟玲　许耀荣　许映花

余世明　陈明瞭　罗克宁　周发茂　胡宏佳

黄清文　潘　婷　戴杰卿

食品生物工艺专业改革创新教材系列　　总主编　余世明

食品雕刻与盘饰

SHIPIN DIAOKE YU PANSHI

主编 ◎ 凌红妹

暨南大學出版社
JINAN UNIVERSITY PRESS

中国·广州

食品生物工艺专业改革创新教材系列

编写委员会

总 主 编 余世明

委　　员 （以姓氏笔画为序）

王　刚　王建金　区敏红　邓宇兵　龙伟彦

龙小清　冯钊麟　刘海丹　刘　洋　江永丰

许映花　麦明隆　杨月通　利志刚　何广洪

何婉宜　何玉珍　何志伟　余世明　陈明瞭

陈柔豪　欧玉蓉　周发茂　周璐艳　郑慧敏

胡源媛　胡兆波　钟细娥　凌红妹　黄永达

章佳妮　曾丽芬　蔡　阳

编写说明

为了更好地适应中等职业技术学校烹饪专业的教学要求，广东省贸易职业技术学校中餐教研组的有关专业教师和行业专家编写了食品生物工艺专业改革创新教材系列中的《食品雕刻与盘饰》。

本书的创新点主要有以下几个方面：

第一，坚持以学生能力为本位，重视实践能力的培养，突出职业技术教育特色。根据学校烹饪专业毕业生所从事职业的实际需要，合理确定学生应具备的能力结构与知识结构，对教材内容的深度、难度做了较大程度的调整与修改。同时，进一步加强实践性教学内容，以满足企业对技能型人才的需求。

第二，根据餐饮行业的发展，合理更新教材内容，尽可能多地在教材中充实新知识、新方法、新设备和新工艺等方面的内容，力求使教材具有鲜明的时代特征。同时，在教材编写过程中，严格贯彻国家教育部门有关技术标准的要求。

第三，努力贯彻国家关于职业资格证书与学历证书并重、职业资格证书制度与国家就业制度相衔接的政策精神，力求使教材内容涵盖有关国家职业标准（中、高级）的知识和技能要求。

第四，在教材编写模式方面，尽可能使用更多的食品雕刻与盘饰制作过程图片、成品图片和表格形式将各个知识点生动地展示出来，力求给学生营造一个更加直观的认知环境氛围。同时，针对相关知识点设计了很多贴近生活的导入和互动性训练等，意在拓展学生的思维和知识面，引导学生自主学习。

本书可供中等职业技术学校中式烹饪专业学生使用，也可作为企业相关岗位职工的培训教材。

本书由广东省贸易职业技术学校教师凌红妹主编，蒋雪清、陈基潮为副主编，梁方胜、麦明隆、李雁、周璐艳参编，余世明、陈明瞭、王刚等审稿，部分图片由广州狮吼食雕艺术中心莫昭新、陈佳鸿、陈毅华等提供。本书的修订编写工作得到了广东省贸易职业技术学校中餐教研组全体教师的积极配合、学校有关领导的大力支持和中国烹饪大师邓超先生提供的大量技术支持，在此表示诚挚的谢意。

本书编者及产品制作者照片

凌红妹

蒋雪清

陈基潮

CONTENTS

目录

模块四 瓜盅类雕刻

模块五 人物类雕刻

开讲之前

认识食品雕刻

师傅教路：食品雕刻起源于中国，是将我国传统牙雕、木雕、石雕、玉雕与木刻等工艺美术的造型方法和技巧运用到食品上的一项传统技艺，是悠久的中华饮食文化孕育的一颗璀璨的明珠。

项目一

食品雕刻从业人员岗前须知

任务一 认识车间（食品雕刻室）规则

查一查：

车间（食品雕刻室）有哪些“军规”？

1. 听从教师指导，按规定的方法和程序进行操作，按要求做好实验记录。

2. 每小组的组长负责管理本组的实操，分配工具、设备和清洁任务。

3. 上实训课不得迟到、早退，有事外出必须向任课老师或实训指导老师请假，未经老师允许不能随便离开食品雕刻室。

4. 各组保管好工具、器具，如有遗失、损坏，按有关规定处理。

5. 学生实训前必须穿好工作服，带好食品雕刻相关工具方可进入食品雕刻室。

6. 食品雕刻室一切设备未经实训老师允许，不得乱动。

7. 要爱护实训设备，节约用料，各项物品按要求摆放。

8. 实训过程不可品尝实验原料，将实验产品带出食品雕刻室必须经过实训老师同意。

9. 实验结束后，应清洗所有设备、刀具，擦干净后放在指定位置，并按卫生值日表的安排搞好各组公共卫生；待各项卫生达到老师的要求时，学生方可离开食品雕刻室。

10. 离开食品雕刻室时，应关好水电，整理好工具、设备，关好门窗。

任务二　认识食品安全与卫生

数一数：

食品从业人员的个人卫生要求有哪些？

1. 患有痢疾、伤寒、病毒性肝炎等消化道传染病的人员，以及患有活动性肺结核、化脓性或者渗出性皮肤病等有碍食品安全的疾病的人员，不得从事接触直接入口食品的工作。

2. 进入车间（食品雕刻室）必须穿好工作服，戴好工作帽，扣好衣服的所有扣子。

3. 注意个人卫生，勤洗工作服（不能沾有污物），不能留长指甲，女生不能披散长发，不能穿拖鞋、短裤和短裙。

4. 不允许佩戴任何首饰（耳环、戒指、项链、手镯），实操前要洗手。

议一议：

1. 食品从业人员是否每年都要进行健康检查，取得健康证后方可参加工作？

2. 为什么要戴工作帽？要怎样才算合格？

3. 为什么禁止佩戴首饰？

食品雕刻的基本概念

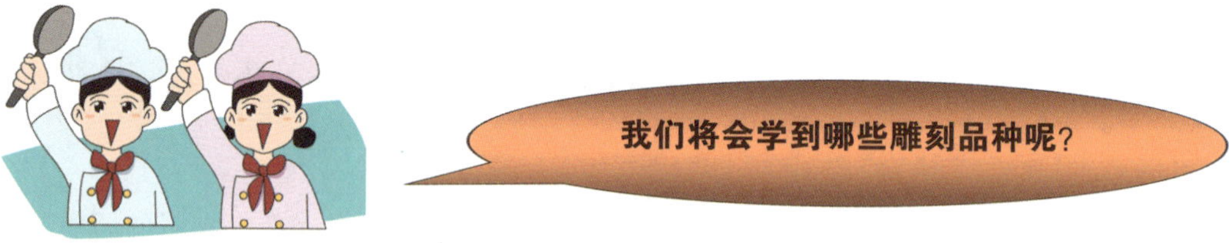
我们将会学到哪些雕刻品种呢?

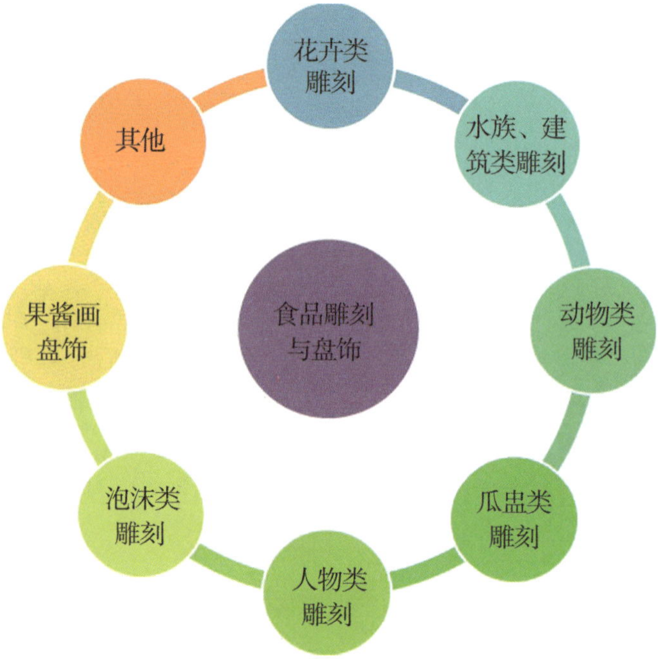
食品雕刻与盘饰
花卉类雕刻
水族、建筑类雕刻
动物类雕刻
瓜盅类雕刻
人物类雕刻
泡沫类雕刻
果酱画盘饰
其他

行家出手：

食品雕刻就是使用特殊的食品雕刻工具，通过特殊的刀法把各种具备雕刻性能的可食性原料加工，使之形状美观、吉庆大方、造型生动、栩栩如生、具有观赏价值的一门雕刻技术。这些雕刻作品或食用，或观赏，既可以烘托宴席气氛，提升菜肴档次，同时也可以表达办宴目的，使就餐者在进餐过程中能得到艺术的享受。外国朋友称食品雕刻为“东方食品艺术的明珠”，也有人称其为“一把刀的艺术”。

食品雕刻花样繁多，取材广泛，无论古今中外、花鸟鱼虫、风景建筑、神话传说，凡是具有吉祥如意等美好寓意的，都可以用艺术的形式表现出来。

想一想：

1. 什么是食品雕刻？
2. 试述食品雕刻的由来及发展。
3. 食品雕刻的作用是什么？
4. 按雕刻题材可以将食品雕刻分为哪几类？

食品雕刻工具

进行食品雕刻时也非常讲究刀具的性能，刀具越锐利，雕刻的作品就越干净利落，整体效果就越好。根据用途，刀具可以分为十余种，常见的刀具主要有大切刀、主刀、戳刀、拉刻刀、模具刀、挖球器等。

1. 大切刀：形状似水果刀，刀尖较尖，长度为 12 ~ 20cm，以锋钢为宜，白钢更好，刀身宜薄，主要用于开大型、切平接口、切段、切块、切条、切丝，以及对原料进行横切、纵切、斜切，常用在切削面积较大的原料上，也常用来雕刻泡沫。大切刀在食品雕刻中运用范围广，如去掉萝卜两端的废料，或者将萝卜横切两段。在花色冷拼制作中，大切刀更是不可缺少的。

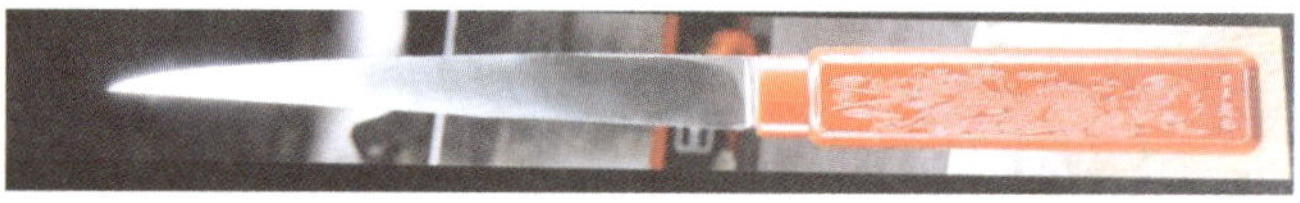

2. 削皮刀：主要用于刨削水果和蔬菜的外皮，如去除萝卜、南瓜等品种的外皮。在使用削皮刀时，左手托原料下端，右手握刀，从后向前削皮。

3. 主刀：雕刻的主要工具，刀刃长 6 ~ 8cm，宽 0.8 ~ 1.2cm，厚 1.2mm，以白锋钢打造的最好。刀身以窄而尖为好。主刀是雕刻绝大多数品种的必备刀具，用途极广，既适合大型雕刻，又适合微雕，故称“万用刀”。运刀锋利流畅、易转弯是其特点，有些熟练的雕刻师甚至用这把“万用刀”就能从头到尾雕刻全部的作品。

4. 圆口戳刀：又称 U 形戳刀，按开口尺寸不同可以分为 5 ~8 种型号，这里归纳为 3 种型号来介绍：小号圆口戳刀主要用来戳花蕊的花心或打槽、旋动物眼睛、刻鸟类羽毛等，雕刻较细的图案、图形适宜用小号圆口戳刀。中号圆口戳刀是比较常用的，可以戳各种花卉的花瓣、鸟类翅膀的羽毛，还有雕刻各种弧形、圆形的部位都可以使用中号圆口戳刀。大号圆口戳刀和上面的用法基本相同。

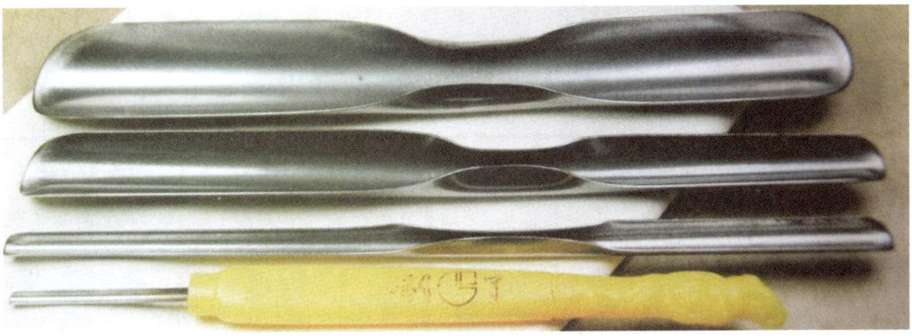

5. V 形戳刀：又称尖口戳刀、三角戳刀，刀刃横断面呈三角形，主要用于雕刻一些带齿边的花卉、鸟类羽毛、浮雕品的花纹等，其执刀法与圆口戳刀相同。

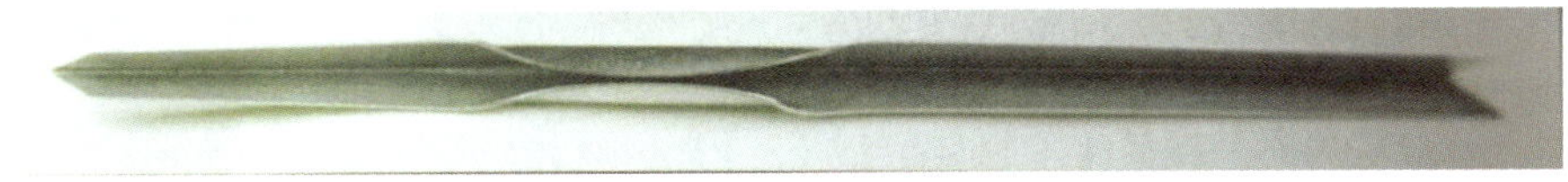

6. 挑环刀：又称拉环刀，主要使用刀口带钩的部分进去雕刻，是雕刻西瓜灯时在拉环雕刻中常用的刀具。

7. 小号拉刻刀（V 形）：可拉刻细线、毛发、鳞片、翅膀、尾羽、衣服褶皱、瓜盅线条、文字等，一切细线图形均可拉刻出来，用途极广。

8. 中号拉刻刀（U形）：可拉刻中线、凹槽、文字，定大型（指打胚型），去废料，刻衣服褶皱、翅膀、瓜盅线条等一切中型线条，用途极广，是雕刻人物及动物脸部轮廓和肌肉纹路的必备工具。

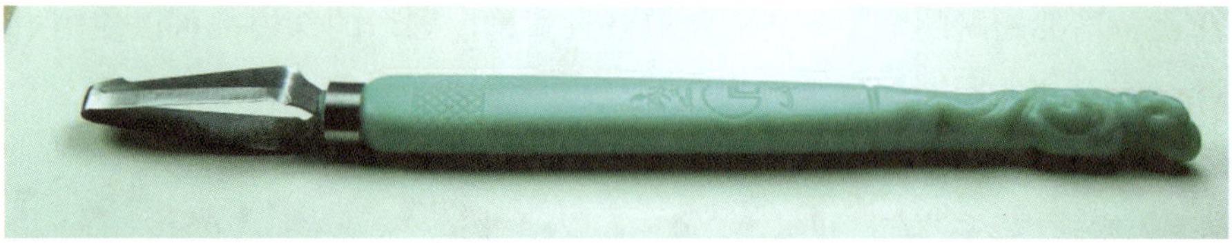

9. 大号拉刻刀（U形）：可拉刻大线条、鸟类翅膀、骨骼，定大型，还可去皮、拉刻花、书写大号文字及一切大型线条，用途极广。

10. 六边形拉刻刀：又称留一手拉刻刀，可拉刻人物和动物的毛发、胡须等，用途极广，是快速食雕拉刻刀技法的必备刀具。

11. O形拉刻刀：又称QQ拉刻刀，从小到大可分5个以上型号，可拉刻半弧形线条、水珠，挖圆形深洞及人物和动物的脸部轮廓、鼻孔、耳凹等，是较常用的辅助拉刻刀。

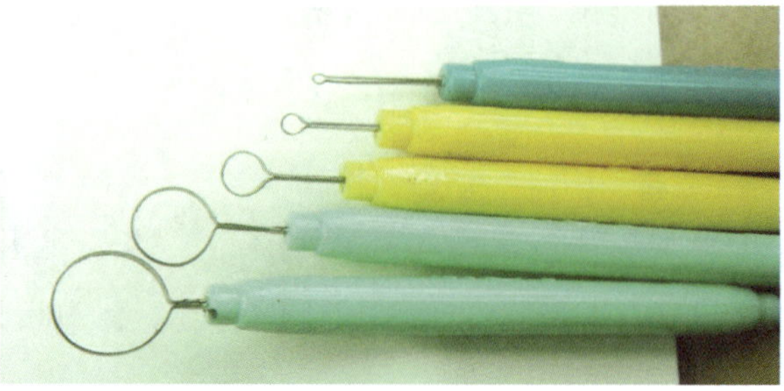

12. 多边形拉刻刀：分为P形、平三角形、斜三角形。此类刀具多为辅助拉刻刀，可拉刻相应线条和文字等。

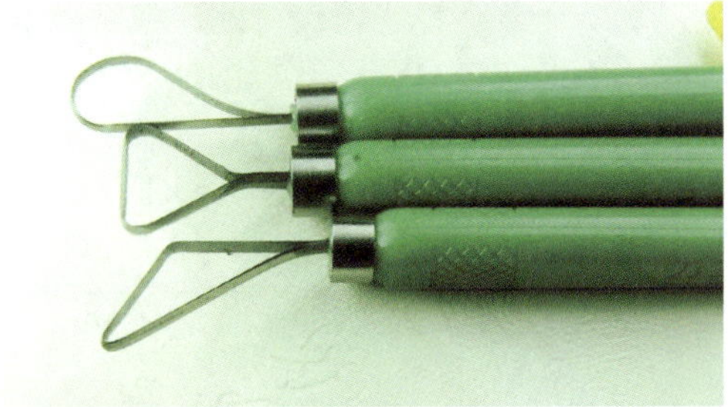

13. 双线拉刻刀：能同时拉出两条线，可提高速度，且线条及线距均匀。此刀又有窄双线、宽双线等多种刀型。用来雕刻瓜盅走阴阳线时可极大地提高速度。

14. 矩形拉刻刀：刀口呈矩形，用于拉刻台阶，拉刻城墙、宝塔等方形凹槽，拉刻砖孔等，是快速食雕必不可少的刀具。

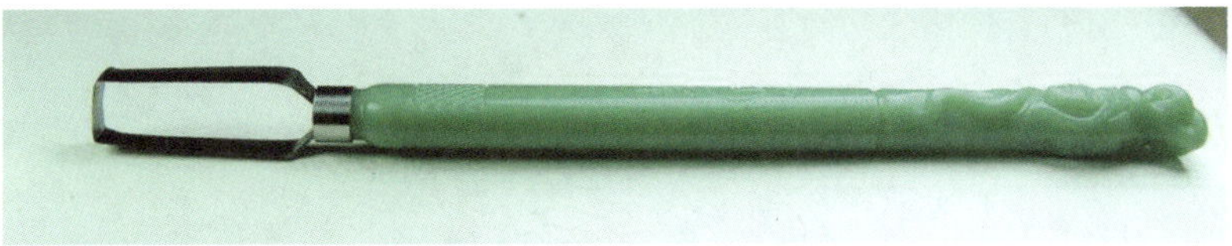

15. 雕刻套刀“全家福”。

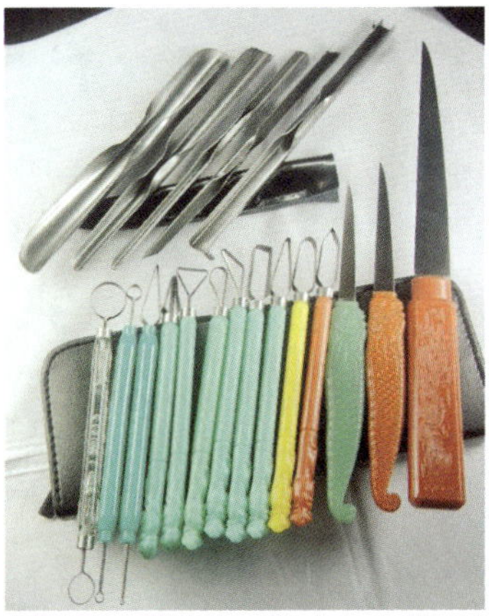

模块一

花卉类雕刻

师傅教路： 花，以它的绚丽多彩和蓬勃生机给人以美的享受，增添了人们的生活情趣，引起人们美好的遐想，陶冶性情。厨师把花的形象搬上了餐台，运用雕刻的方法，将食品原料制作成各式各样的花卉，使花卉的形态得以再现，这就是花卉的雕刻。

雕刻四角花

一、雕刻原料

胡萝卜、白萝卜。

二、雕刻工具

中号拉刻刀、主刀。

三、工艺制作流程

修初胚 → 去废料 → 削花瓣 → 成形

四、制作过程

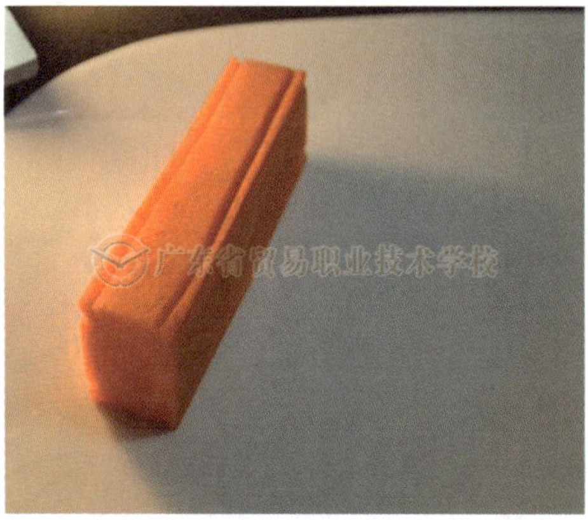

1. 将原料切成长条（长 2cm，宽 2cm，高 3cm 以上，横截面呈正方形），用中号拉刻刀在每个边角长拉一刀。

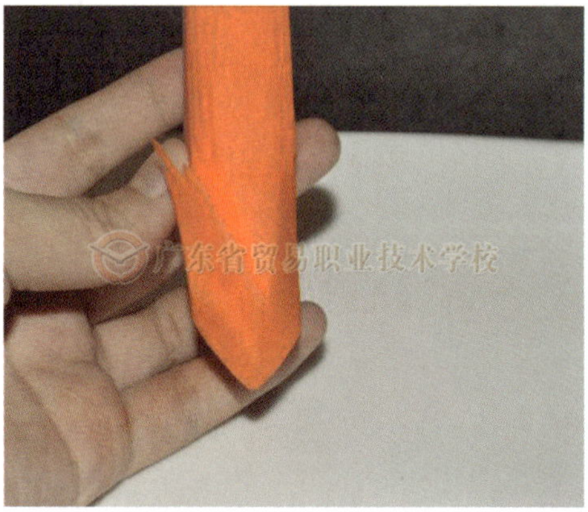

2. 用执笔刀法或横握刀法，在每一个角斜修一刀，一共修四刀，再将底部胚型修成圆锥形。

3. 修成圆锥形后刻出四瓣花瓣，注意花瓣要求上薄下稍厚。

4. 小心将四角花旋转取出，成形。

五、成品图片

想一想：

如何准确地切出横截面是正方形的长条呢？

小贴士：

1. 雕刻四角花的花瓣要求上面薄，下面稍微加厚，大小均匀。

2. 去除废料要干净利落，刀工精细。

3. 适用于冷盘、热菜、展台的围边装饰及布置等。

想一想：

1. 刀工对食品雕刻重要吗？

2. 雕刻四角花的要点是什么？

雕刻大丽花

一、雕刻原料

胡萝卜、白萝卜、“心里美”萝卜。

二、雕刻工具

主刀。

三、工艺制作流程

修初胚→修好花心→削花瓣→去废料→再削花瓣→成形

四、寓意

大丽花品种繁多，花形多变，色彩丰富，花期颇长。墨西哥人把它视为大方、富丽的象征，因此将它尊为国花。

五、制作过程

1. 将胡萝卜用旋刀法修成半球形。

2. 在半球形上部正中间修一个直径约 1cm 的圆，再用主刀左右各斜 30°刻出大丽花的三角形花瓣。

3. 再次以同样角度修出三角形外沿花瓣。

4. 第二层开始，在相邻两瓣三角形花瓣的尖角到尖角位置呈菱形去除废料。

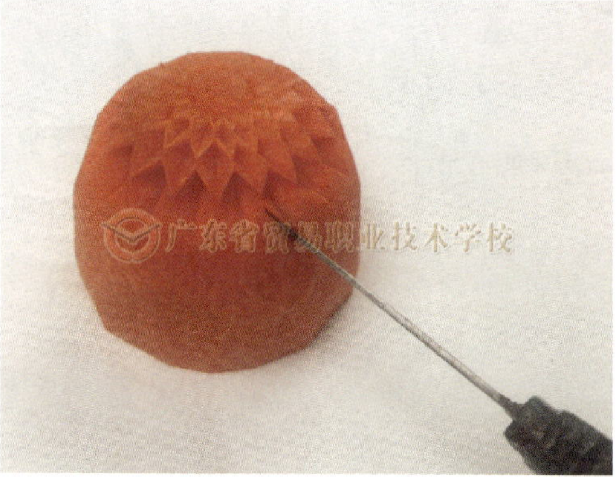

5. 以此类推，雕出大丽花其他层花瓣，要求六层以上为佳。

6. 最后刻出花瓣底部。

六、成品图片

小贴士：

1. 雕刻大丽花，要求同一层的花瓣大小均匀。
2. 花瓣由小到大慢慢递增，效果会更好。

雕刻大丽菊

一、雕刻原料

胡萝卜、白萝卜、“心里美”萝卜。

二、雕刻工具

小号 U 形戳刀、中号 U 形戳刀、主刀。

三、工艺制作流程

修初胚→修好花心→削花瓣→去废料→再削花瓣→成形

四、寓意

大丽菊，花形多变，色彩绚丽，花期颇长，盛开的大丽菊优雅又尊贵，可与牡丹媲美。

五、制作过程

1. 将“心里美”萝卜切成 5cm 的段。

2. 用旋刀法将“心里美”萝卜修成半球形。

3. 在半球形正中间刻直径约 1cm 的圆。

4. 用主刀以旋刀法旋刻出大丽菊半圆弧形花瓣。

5. 刻出大丽菊第一层花瓣。

6. 再用旋刀法沿相邻花瓣中间旋刀去除废料。

7. 以此方法刻出其他层花瓣。

8. 花瓣逐层变大，使花瓣向外呈弯曲状。

六、成品图片

想一想：

雕刻大丽菊需要注意什么？

小贴士：

1. 花瓣要削得弯曲。
2. 削花座时注意不要伤及花瓣。
3. 适用于冷盘、热菜、展台的围边装饰及布置等。

雕刻牡丹花

一、雕刻原料

青萝卜、胡萝卜、白萝卜、“心里美”萝卜。

二、雕刻工具

主刀。

三、工艺制作流程

修初胚→修好花心→削花瓣→去废料→再削花瓣→成形

四、寓意

牡丹花花大色艳、雍容华贵、富丽端庄，素有“国色天香”“花中之王”的美称，寓意吉祥、圆满、浓情、富贵、繁荣和兴旺。

五、制作过程

1. 选取青萝卜，将其修成半圆球柱形。

2. 在原料顶部用主刀削出一个圆锥形废料，然后修出四瓣花瓣。

3. 再用主刀沿着边缘开始旋转，不规则地削出第一层花瓣。

4. 在第一层花瓣的 1/2 处按照顺时针方向去掉一块原料，使花瓣与下面的原料分开，并削出第二层花瓣的位置。

5. 在削好的这个面上削出第二层花瓣。

6. 用同样的方法依次向下削，直到将原料削完。

六、成品图片

小贴士：

1. 牡丹花成形的基础在于原料初胚的修整。
2. 牡丹花花瓣呈锯齿状，要用抖刀法刻出牡丹花花瓣。
3. 牡丹花用途广泛，一般为“国色天香”和“凤戏牡丹”等作品的装饰。

试一试：

自己动手雕刻一朵牡丹花。

雕刻荷花

一、雕刻原料

胡萝卜、白萝卜、“心里美”萝卜。

二、雕刻工具

V 形戳刀、小号圆口戳刀、主刀。

三、工艺制作流程

修初胚→削花瓣→去废料→再削花瓣→修好花心→成形

四、寓意

荷花，由于“出淤泥而不染，濯清涟而不妖”，为人们所崇尚。

五、制作过程

1. 选取 1 个坚实不空的“心里美”萝卜。
2. 将原料斜面削出 5 个大小均匀的面，使原料顶部大、底部小。

3. 在削好的 5 个面上用刀尖画出荷花的花瓣形状。

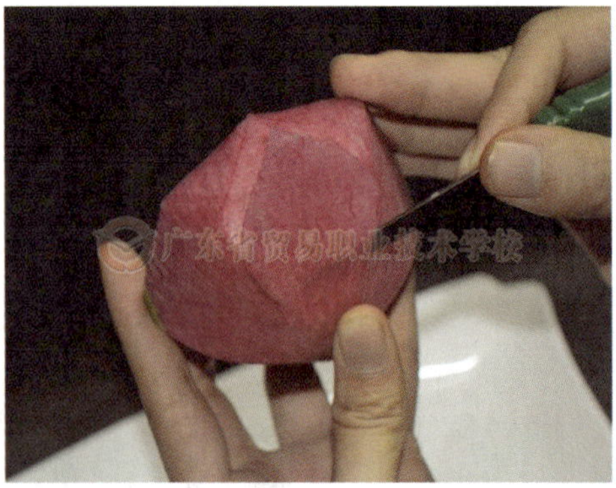

4. 用主刀从上往下削出花瓣，使花瓣上薄下厚，并去除花瓣以外的废料。

5. 第一层花瓣削好后，从每两个花瓣之间下刀，从下向上提起，去掉一块废料。

6. 按照第一层花瓣的做法在削好的面上刻画出第二层花瓣的形状，将第二层花瓣削出。

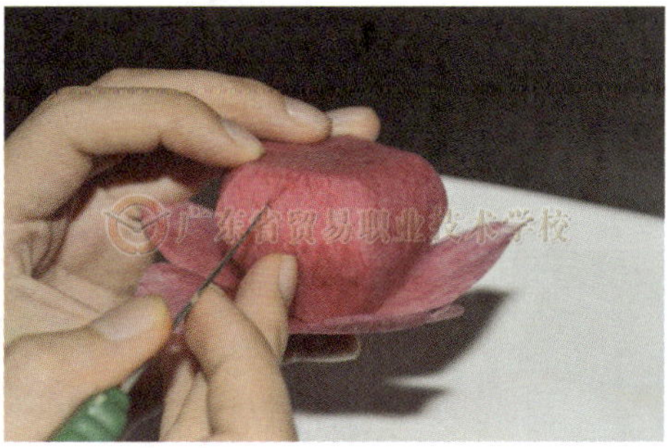

7. 第二层花瓣削好后，又去掉这一层中间的废料，并将中间的余料修成圆柱状。

8. 将圆柱削矮，用 V 形戳刀在圆柱上戳出一圈丝状的花蕊，并雕刻出莲子。

六、成品图片

想一想：

雕刻荷花的要点是什么？

练一练：

动手雕刻一朵六瓣的荷花。

雕刻月季花

一、雕刻原料

胡萝卜、白萝卜、“心里美” 萝卜。

二、雕刻工具

主刀。

三、工艺制作流程

修初胚→削花瓣→去废料→再削花瓣→修好花心→成形

四、寓意

月季花，又名月月红、月月花等，有“花中皇后”之美称，花形大而艳丽，中国是月季花的原产地之一，月季花也是中国十大名花之一。月季花象征圆满、美好。

五、制作过程

1. 将“心里美”萝卜修成上大下小的圆台，在圆台的斜面削出均匀的5个面，使原料顶部大、底部小。

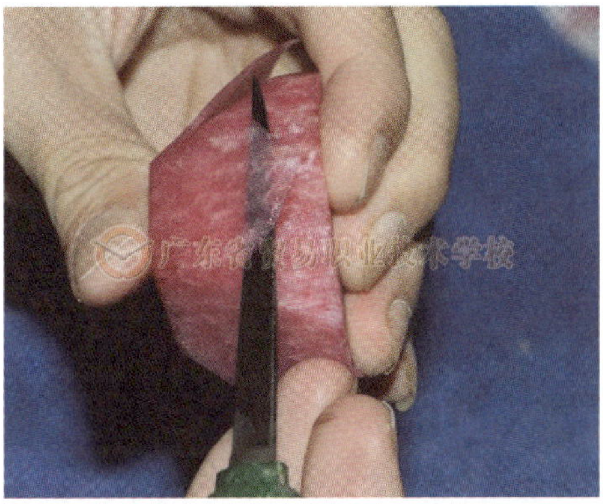

2. 在修好5个面的初胚上，用执笔刀法从上到下刻出带尖的月季花花瓣。

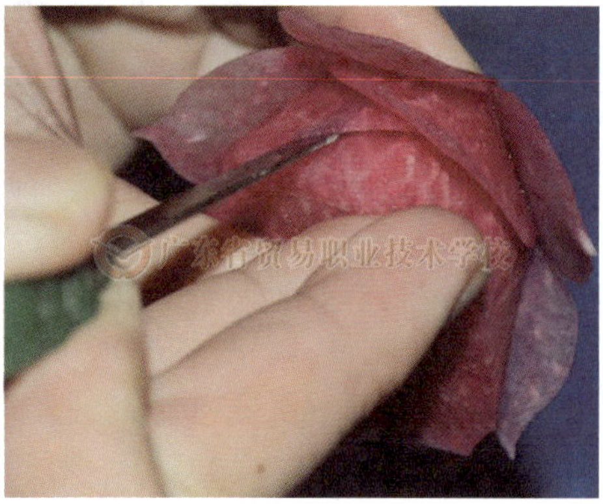

3. 第二层的花瓣去料是在第一层花瓣的两瓣之间下刀，并呈圆弧状运刀。

4. 在削好的面上削出月季花花瓣的轮廓。

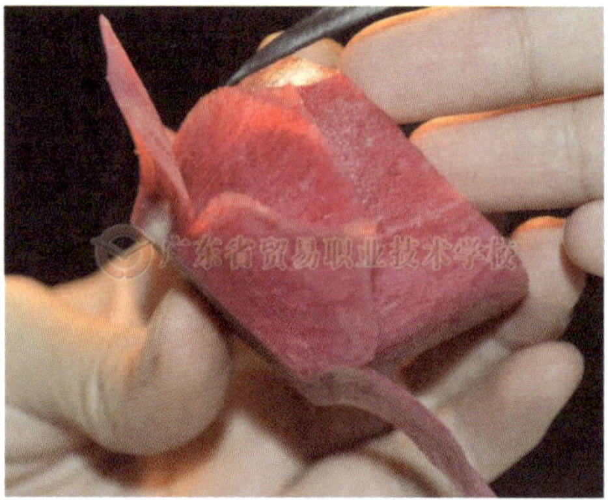

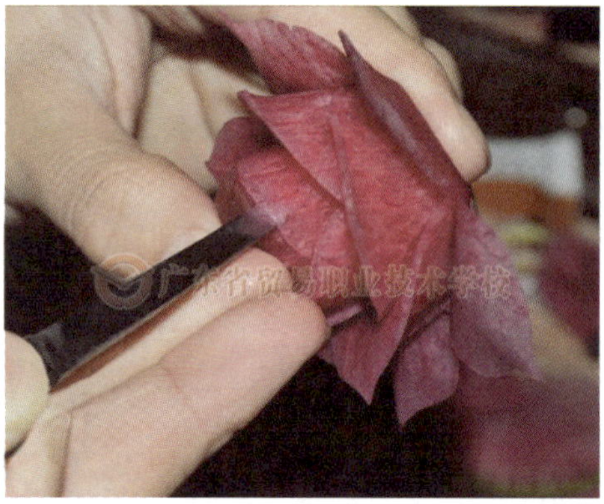

5. 再在削好的这个面上制作出第二个花瓣，使第二个花瓣压住第一个花瓣。

6. 按照同样的方法逐一雕刻出后面的各个花瓣，使其互相重叠。

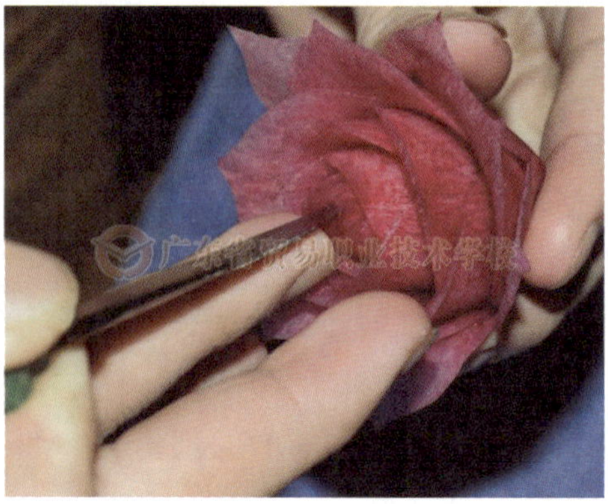

六、成品图片

小贴士：

1. 花瓣要上薄下稍厚，刀工要干净利落。

2. 要重视取料与修整初胚工作。

3. 掌握花瓣间层次关系、间距、斜度变化，以保证花形的整体效果。

4. 适用于冷盘、热菜、展台的围边装饰及布置等。

练一练：

自己动手雕刻一朵月季花。

雕刻玫瑰花

一、雕刻原料

土豆、胡萝卜、白萝卜、“心里美”萝卜。

二、雕刻工具

主刀。

三、工艺制作流程

修初胚→削花瓣→去废料→再削花瓣→修好花心→成形

四、寓意

玫瑰象征美丽纯洁的爱情，不同的颜色代表不同的含义，是表达爱情的重要工具。

五、制作过程

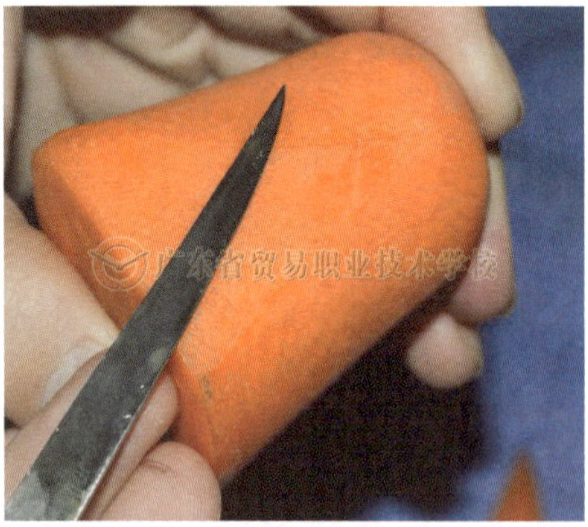

1. 先把原料分成三等份，用旋刀法将每一面都削成半圆形的花瓣。

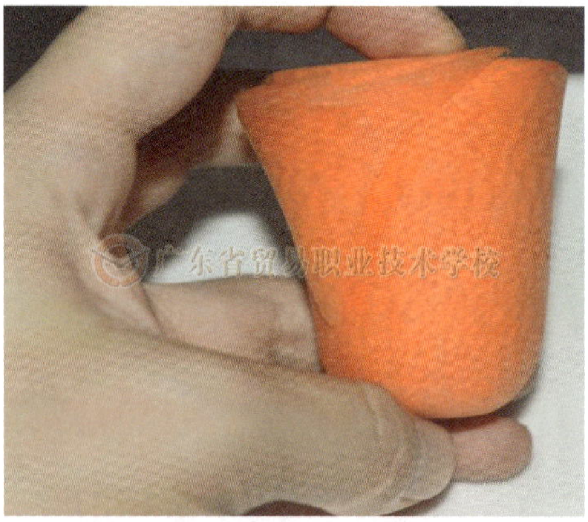

2. 从第二层花瓣的内侧旋去多余的部分，再由外层的两片花瓣交叉处，交替刻出花瓣的大型。

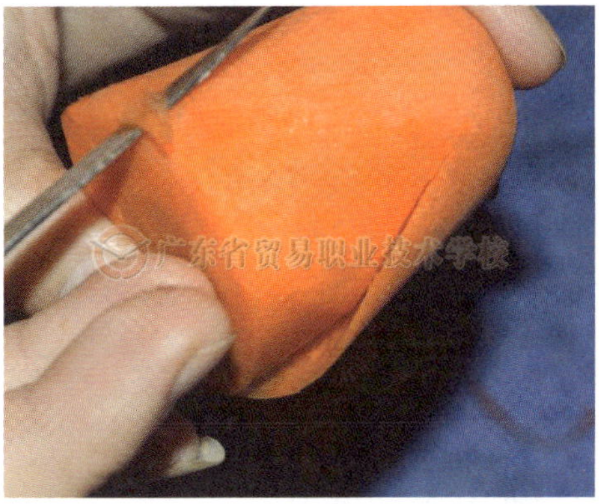

3. 按照同样的方法逐一雕刻出后面的各个花瓣，使其互相重叠。

4. 第二层开始也是用同样的方法。

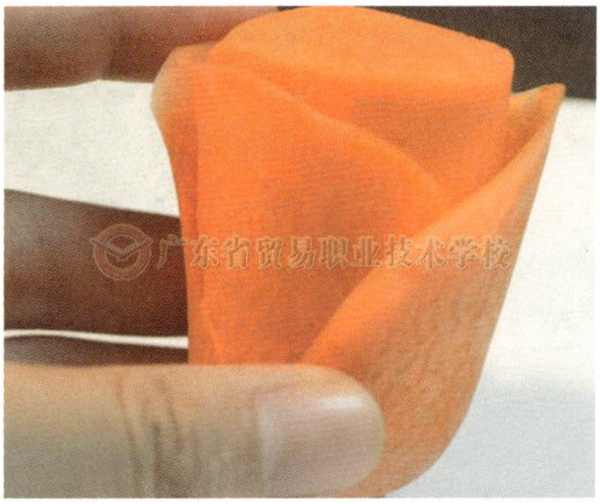

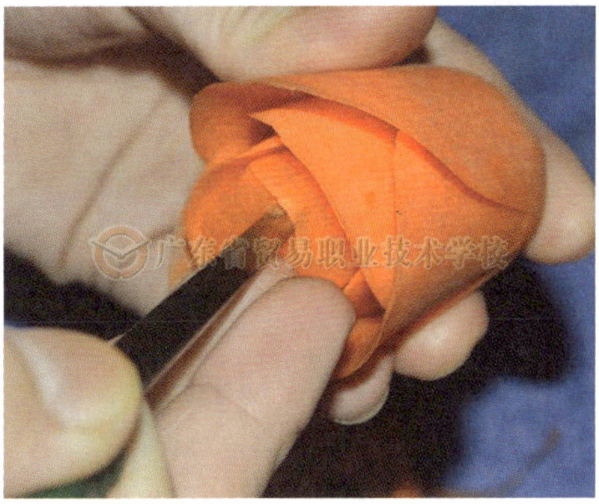

5. 交替雕刻出其他花瓣。

6. 完成。

六、成品图片

小贴士：

1．玫瑰花花瓣一层三瓣，雕刻花瓣要注意上薄下稍厚，花瓣的翻瓣效果最佳。

2．玫瑰花初胚的修整也是雕刻玫瑰花的关键。

3．玫瑰花雕刻运用比较广泛，在西瓜上也常常使用。

想一想：

1．雕刻月季花和玫瑰花有何异同？

2．雕刻一束玫瑰花。

雕刻作品——心心相印

一、雕刻原料

胡萝卜。

二、雕刻工具

主刀。

三、工艺制作流程

修初胚→削花瓣→去废料→再削花瓣→修好花心→成形

四、成品图片

想一想：

怎样雕刻有两个花心的花？

高手支招：

注意花心分布比例，修整废料应配合花心的整体形状。

试一试：

动手雕刻“心心相印”作品。

雕刻大讲坛　花卉雕刻知多点

一、花卉的基本结构

春季有蝴蝶花、金盏菊、郁金香、君子兰、牡丹花、山茶花、杜鹃花、桃花等；夏季有荷花、睡莲、百合花、晚香玉、美人蕉等；秋季有鸡冠花、牵牛花、胭脂花、菊花等；冬季有梅花、水仙花等。上述花卉虽然形态各异，但是它们的基本结构是一样的，都是由花瓣、花蕊、花蒂、花萼四部分组成。其中花蕊分雄蕊和雌蕊；花萼是花瓣下部的一圈绿色小叶片；花蒂是花与枝茎相连接的部分。

（一）花瓣

瓣形：各种花卉按其花瓣的形状可分为圆形、椭圆形、丝状、舌状、筒状等。圆形花瓣的有山茶花、梅花、玫瑰花等；椭圆形花瓣的有荷花、令箭荷花、玉兰花、郁金香等；丝状花瓣的有龙爪菊、虎爪菊等；舌状花瓣的有瓜叶菊、蒲公英、波斯菊、大丽菊等；筒状花瓣的有晚香玉、牵牛花、百合花、胭脂花、凌霄花等。按花瓣的大小又可分为大瓣花、小瓣花及细瓣花三类。大瓣花有荷花、玉兰花、睡莲、郁金香、美人蕉等；小瓣花有玫瑰花、牡丹花、山茶花、月季花等；细瓣花有菊花、桂花、樱花、腊梅花、水仙花等。同一朵花的花瓣大小也是不一样的，一般情况下是外边（层）的大，里边（层）的小，从外到内由大渐小。

瓣色：花卉姹紫嫣红、绚丽多彩。红色的有梅花、牡丹花、月季花、美人蕉、荷花等；白色的有玉兰花、水仙花、樱花、梨花等；黄色的有腊梅花、菊花、玫瑰花等；紫色的有蝴蝶花、紫藤等。有的花有多种颜色，比如，梅花有白色、大红色、淡红色、深红色、绿色等，其中以绿色为贵；玉兰花有乳白色、紫红色等，其中紫红色花的背面为紫红色，里面淡红色；荷花有白色、粉红色、深红色等；郁金香有紫色、红色、白色、双色、黄色、黑色等，其中以黑色为贵。

数量：各种花卉除了花瓣的形状、色泽不一样以外，每种花的瓣数和层数还都不同。比如，梅花有单瓣和重瓣两种，单瓣的只有一层五瓣，重瓣的则每层五瓣，层数较多；玉兰花分三层，每层三瓣；百合花共六瓣，分两层；金盏菊有三至四层，每层瓣数较多。另外，在一朵花中，花瓣彼此分离的是离瓣花，若有不同程度连合者，则被称为合瓣花，如牵牛花、水仙花、凌霄花等。

（二）花蕊

蕊形：花蕊有雌蕊和雄蕊之分。雌蕊位于花中心，生于花蒂上，由柱头、花柱、子房组成。有些花的雌蕊柱头有分叉，称为复雌蕊，如百合花；没有分叉的叫作单雌蕊，如桃花。大多数花的雌蕊呈丝状，花药一个，如梅花、山茶花等；有的雌蕊呈丝状，花药三裂，如百合花；有的雌蕊呈丝状，花药五裂，如金丝桃等；有的雌蕊呈柱状，花药多，如玉兰花；有的雌蕊呈碗状，如荷花；有的雌雄同株，如蜀葵、波斯菊等。雄蕊由花药、花丝组成，也有的花丝瓣化似花瓣。

蕊色：花蕊多为白须黄药，如山茶花、牡丹花等。也有例外的，如玉兰花，其雄蕊朱黄色，雌蕊嫩绿色；金丝桃，花蕊呈金黄色；梨花，白须，黑褐色花药。

数量：花蕊的数量在一般情况下是雌蕊少，雄蕊多。如雌蕊 1 枚，雄蕊 2 枚的有迎春花，其雌蕊长，雄蕊短小；雌蕊 1 枚，雄蕊 5 枚的有百合花；雌蕊 1 枚，雄蕊多的有梅花；雌蕊数枚，雄蕊较多的有牡丹花等。

（三）花萼

花萼由几个萼片环列在花瓣最外围或最下一轮上，也有呈螺旋状排列的。

萼形：花萼的形状大多如小叶片；也有的萼片瓣化，萼片里面与花同色，有的则与花瓣无异，如睡莲、西番莲等。萼片有的大小相似，有的大小不等。

萼色：大多数花的花萼色泽为嫩绿色、翠绿色或深绿色，亦有带红色或带紫色的。

数量：根据花的种类不同，花萼有 3 片、4 片、5 片或更多，但单瓣花的萼片数往往与花瓣数相等。

二、花卉雕刻的要点

（一）根据所雕刻对象的自然色泽选择原料

各种花卉都有其自身的色泽，在雕刻时最好选用与其色泽相同或相近的原料进行雕刻。如雕刻梅花，选用红萝卜，因红萝卜外红、心黄，外层正好表现花瓣，其黄心则作为梅花的花心；又如雕刻乳白色的玉兰花，选用土豆，因土豆雕刻好泡水后，其色泽变成乳白色；雕刻马蹄莲宜选用白萝卜或土豆。

（二）选择原料应注意质地

一般选用质地细嫩、坚实不空的原料，这类原料透光性较强，雕刻后给人以光滑、轻薄的感觉，如萝卜、土豆、红萝卜、青笋等。

（三）要注意原料的柔韧性

由于所有的原料都有柔韧性（只是柔韧性的大小不一样），所以多数花卉雕刻完放入水中浸泡后，原料吸水，花瓣向外翻卷，从而使雕刻好的花形比下胚料还大。所以雕刻时，初胚应比想要达到的大小稍小一点，待雕刻好泡水后，其花瓣外翻，达到想要的效果。

（四）雕刻的花瓣宜上薄下厚

如果雕的花瓣上下厚薄一致，容易折断，而且不利于花瓣吸水后外翻，立体感不强（因花瓣厚薄一致，透过的光亮一样多，层次感不易体现出来）。上薄下厚，这样花瓣既能显得较薄，又不易折断，质感也好。

（五）花卉雕刻要注意分瓣均匀，避免雕刻出的花瓣大小不一

在雕刻前可以先利用几何图形定好花瓣的位置，如四瓣花在原料横切面用正方形定位，五瓣花在原料横切面用五角星定位，力求花瓣大小均匀。

雕刻大视野　食品雕刻的发展历史

食品雕刻起源于中国，是将我国传统的牙雕、木雕、石雕、玉雕和木刻等工艺美术的造型方法与技巧运用到食品上的一项传统技艺，是悠久的中华饮食文化孕育的一颗璀璨的明珠，其历史源远流长，大约在春秋时已有。《管子》一书中曾提到“雕卵熟斫之”。“雕卵”，即在蛋上进行雕画。这可能是世界上最早的食品雕刻。

到了晋代又有了“镂鸡子”之技。隋炀帝时期，还出现了一种在酥酪上雕刻的“雕酥”，这在《韦巨源食谱》中有记录。湘西的雕花蜜饯在唐代就早已有之。唐昭宗时曾为广州司马的刘恂任职期满，寓南海，著有一本《岭表录异》，书中就有湘西雕花蜜饯的记载：“枸橼子，形如瓜，皮似橙而金色，故人重之，爱其香气。京辇豪贵家订盘筵，怜其远方异果。肉甚厚，白如萝卜。南中女工竞取其肉雕镂花鸟，浸之蜂蜜，点以胭脂，擅其妙巧，亦不让湘中人镂木瓜也。”现在到湘西怀化市的会同、靖州一带的苗族人家，还能目睹盛唐时期流传下来的雕花蜜饯技艺。“花瓜”是北宋汴梁人的杰作，每到牛郎、织女鹊桥相会的“七夕”，人们就要将瓜果雕刻成各种样式，以纪念牛郎与织女的忠贞爱情。宋代林洪的《山家清供》也记载了用香瓜剖开作酒杯，在香瓜外皮上雕刻出各样花纹的“香瓜雕”。南宋时期，在宫廷内设有蜜煎局，专制各色雕花蜜煎以供御用。蜜煎局的厨师，用木瓜雕成“鹊桥仙故事”，或“以菖蒲或通草雕刻天师驭虎象于中，四围以五色染菖蒲悬于左右。又雕刻百虫铺于上，却以葵、榴、艾叶、花朵簇拥”。还有的“以通草罗帛，雕饰为楼仙故事之类，锦以珠翠，极其精巧”。南宋时期，高宗赵构到清河郡王府，张俊款待高宗的宴席中就有“雕花梅球儿、红消花儿、雕花笋、蜜冬瓜鱼、雕花红团花、木瓜大段儿（花）、雕花金橘、青梅荷叶儿、雕花姜、蜜笋花儿、雕花枨子、木瓜方瓜花儿”，共十二种，原料有杨梅、冬瓜、木瓜、金橘、鲜姜和嫩笋等；花形有球儿、鱼儿、团花、荷叶儿、方花儿等；味道有甜酸、清甜和甜中微辣等。这在南京周密的《武林旧事》中有记载。而明清时期扬州的瓜灯，则更体现出了食雕的精湛技艺。在清代李斗的《扬州画舫录》中有“取西瓜镂刻人物、花卉、虫鱼之戏”的记载。

人类社会是在不断发展的，当人们的物质享受得以满足时，便开始追求精神享受。而精神享受也不是一成不变的，它随着不同时代人的不同思想意识、审美观念及不同的时代特征而逐渐改变。比如，同是龙的形态，各个历史时期的表现方法却不一样，它经历了萌芽、发展和定形三个时期，直到清代才得以完善。食品雕刻作为一门艺术，随着人们对精神享受的追求而不断地改变自身的艺术形态，不断地完善，因而同样会经历萌芽、发展和定形三个时期。今天食品雕刻正处于发展阶段，有待我们将其广泛运用，进一步完善。

现在，餐饮业越来越重视食品雕刻的运用，大至国宴，小到普通酒店、饭馆都用上了食品雕刻的花、鸟、鱼、虫来装饰菜肴、桌面。小型的雕刻，如一朵萝卜雕花摆于菜盘内；大型的，则有用食雕组合的花台、看台，如“百花争艳”“百鸟朝凤”“熊猫乐园”等。现在的新一代厨师，也大都能随手雕上几朵花卉或几种鱼虫。为了推广、发扬这一艺术，各地纷纷办起了食品雕刻培训班，食品雕刻得到广泛运用，并不断地与传统菜肴结合，使菜肴的审美特性也得到了升华。

知识拓展　食品雕刻的种类

现代对食品雕刻有两种分类方法：一种是按照雕刻作品的结构表现形式分类；另一种是按照雕刻原料分类。

一、按照雕刻作品的结构表现形式分类

1. 整雕：又称立体雕刻，指用一块原料雕刻成一件食雕作品，不再需要其他物料的陪衬与支持就自成一个完整的立体艺术形象。

2. 组雕：又称群雕、组合雕、零雕整装，指用几种颜色、品种各不相同（也可以相同）的原料，分别雕刻出某个形体的各个部位，然后再集中组装成一个完整的物体形象。

3. 浮雕：顾名思义就是在原料的表面上表现出画面的雕刻方法，又有阴纹浮雕和阳纹浮雕之分。

4. 镂空雕：一般是在浮雕的基础上，运用镂空透刻的方法，将画面之外的多余部分刻透，使挖空的部分彼此联系，以便更生动地表现出画面的图案。

5. 模扣雕：是指用不锈钢片或铜片弯制成的各种动物、植物等的外部轮廓的食品模型。使用时，将雕刻原料切成厚片，用模型刀在原料上用力向下按压成形，再将原料一片片切开，或配菜，或点缀于盘子边。若是熟制品，如蛋糕、火腿等，可直接入菜，以供食用。

二、按照雕刻原料分类

1. 果蔬雕：以各种瓜果、蔬菜为主要原料完成的雕刻作品。

2. 黄油雕：以雕花奶油或黄油、泡沫板为主要原料进行的雕刻。

3. 冰雕：以天然或人工冰为原料进行的雕刻。

4. 糖雕：以特制的饴糖糖浆为原料，用吹塑、挤捏等方法成形的雕塑。

5. 面塑：以米粉、面粉加入添加剂或者色素为原料进行的捏塑。还有就是其他雕塑，包括泡沫雕、花泥雕、糖粉雕、盐雕等。

认识原料　常见的食品雕刻原料（一）

食品雕刻原料的选择直接影响雕刻作品的质量。因此，在选择原料时应从造型、大小、色泽等方面着手，这样才能雕刻出理想的作品。适用于食品雕刻的原料很多，具有一定的可塑性、色泽鲜艳、质地细密、坚实脆嫩、新鲜不变的各类瓜果和蔬菜均可。另外，还有很多能够直接食用的可塑性食品也可以作为食品雕刻的原料。

常见的果蔬雕刻原料

名称	特点与用途	图片
青萝卜	是沙窝萝卜、田水堡萝卜、葛沽萝卜和灰堆萝卜的统称，为十字花科两年生草本植物，呈细长圆筒状，尾端玉白，皮青肉绿，体形较大，质地脆嫩，极耐储藏，适合刻制各种花卉、飞禽走兽、风景建筑等，是比较理想的雕刻原料。春、秋、冬三季均可使用	
胡萝卜	原产于地中海沿岸，在我国栽培甚为普遍，胡萝卜的品种很多，选择时以表皮光滑、形状整齐、心柱小、肉厚、不糠、无裂口和病虫伤害为佳。胡萝卜肉质细密，质地脆嫩，颜色鲜艳，最适合雕刻点缀的花卉及小型的禽鸟、鱼、虫等各种盘饰作品及展台作品	

思考与练习：

1. 一朵花由哪几部分构成？
2. 花卉雕刻的要点是什么？
3. 分别说出雕刻荷花、百合花、菊花、月季花的过程。
4. 根据花卉雕刻的方法，试着雕刻两种以上书中没有介绍的花卉。

模块一自我测验题

单项选择题

1. 单独可以直接用来雕刻花卉的原料有：①“心里美”萝卜、圆萝卜、长萝卜 ②青萝卜、胡萝卜、苤蓝、土豆 ③紫菜头、红薯、洋葱、黄瓜、南瓜 ④白菜、蛋品、肉品、糕点、面粉（　　）。

   A. ①②③④　　B. ①②③

   C. ①③④　　D. ①②④

2. 下列不属于整雕的评估标准的是（　　）。

   A. 总体设计主题鲜明有新意

   B. 总体造型逼真、各部分比例协调

   C. 装盘要饱满，可食性强

   D. 刀工精细，刀法、手法熟练

3. 花卉雕刻的要点有：①根据所雕刻对象的自然色泽选择原料 ②选择原料应注意质地 ③要注意原料的柔韧性 ④雕刻的花瓣宜上薄下厚（　　）。

   A. ①②③④　　B. ①②③　　C. ①③④　　D. ①②④

4. （　　）不是花卉的基本结构。

   A. 花瓣　　B. 花蕊　　C. 花萼　　D. 花丛

5. 菜肴的装饰美化就是利用食品雕刻作品对菜肴进行艺术装点，使菜肴在色彩、形态、寓意等方面都具有一定的艺术效果，使宴会具有高雅、协调的整体美。一般有以下几种手法：①点缀 ②补充 ③盛装 ④配菜（　　）。

   A. ①②③　　B. ②③④　　C. ①③④　　D. ①②④

6. “喜宴”一般不选用的雕刻作品主题是（　　）。

   A. 龙凤呈祥　　B. 鸳鸯戏水

   C. 东方朔偷桃　　D. 花好月圆

7. 为了使宴会的气氛更加热烈，充分表达主人的友谊和热情，在一些中、高档宴会就餐前都要进行美化设计。比如“祝寿”就选用如下主题的雕刻作品来做看盘或看台：①福如东海 寿比南山 松鹤延年 双鹤祝寿 ②南极仙翁 鹤鹿同寿 麻姑献寿 麻姑晋酿 ③仙鹿贺寿 寿鸟双飞 童子献寿 福寿双全 ④东方朔偷桃 瑶池祝寿 八仙过海 瑶池归来醉未醒 ⑤代代长寿 早得贵子 秦晋之好 嫦娥奔月 鸳鸯戏水（　　）。

   A. ①②③⑤　　B. ①③④⑤　　C. ②③④⑤　　D. ①②③④

8. “庆功宴”一般选用的雕刻作品主题有：①鲲鹏展翅　大展宏图　锦上添花　骏马奔腾　②锦绣前程　壮志凌云　志在千里　鲤鱼跳龙门　③一飞冲天　一鸣惊人　步踏青云　独占鳌头　④月下情侣　雄鹰展翅　倾诉衷肠　孔雀开屏　⑤飞黄腾达　步步高升　天马行空　龙马精神（　　）。

A. ①②③④　　B. ②③④⑤

C. ①③④⑤　　D. ①②③⑤

模块二

水族、建筑类雕刻

师傅教路： 要熟练掌握水族类品种的雕刻，就必须要了解水族类的基本结构及雕刻要点。要熟练掌握建筑类雕刻，则必须要掌握各类建筑的基本特征，可重点参考中国园林建筑的设计布局，将人工美与自然美融为一体，形成巧夺天工的奇异效果。还可以将雕刻的建筑置于山水之中，将自然美提升到更高的境界。

雕刻神仙鱼

一、雕刻原料

芋头、白萝卜、胡萝卜、青萝卜。

二、雕刻工具

食雕拉刻套刀、QQ 刀系列、大切刀、竹签、502 胶水。

三、制作过程

1. 取一片厚约 3cm 的胡萝卜片刻出鱼身。

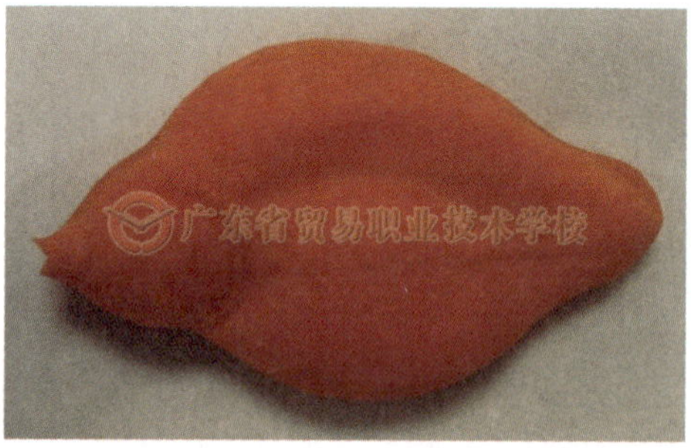

2. 将鱼头部和鱼肚刻出，身体修圆。

3. 取胡萝卜刻出神仙鱼的鱼鳍和尾巴。

4. 根据神仙鱼大型刻出标准鱼鳍、鱼尾。

5. 将鱼身体部件用胶水粘上。

6. 用同种方法刻出另一条鱼。

7. 选用芋头雕刻出神仙鱼景观底座。

8. 刻上水草等装饰底座。

四、成品图片

做一做：

雕刻作品“神仙鱼”。

想一想：

1. 神仙鱼的基本结构有哪些？
2. 神仙鱼和其他鱼类最大的不同是什么？

雕刻鲤鱼

一、雕刻原料

南瓜、白萝卜、胡萝卜。

二、雕刻工具

食雕拉刻套刀、QQ 刀系列、大切刀。

三、制作过程

1. 取胡萝卜，用主刀开出鱼的背部轮廓。

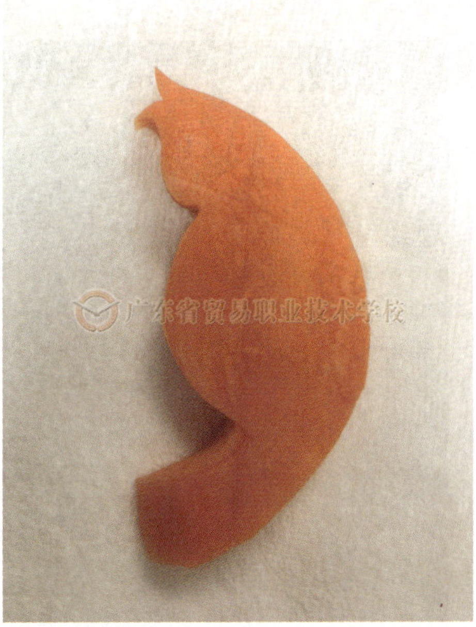

2. 用主刀刻出鲤鱼身体大型。

3. 用大号拉刻刀刻出鲤鱼腹部和尾巴大型。

4. 用细砂纸将鱼身打磨光滑，在鱼身上用小号拉刻刀打出鳞片。

5. 用六边形拉刻刀拉出鱼的尾部线条，将另取原料刻好的背鳍粘在背上。

6. 用白萝卜刻出水浪底座，和金鱼组装在一起。

小贴士：

1. 雕刻鲤鱼应注意比例，鲤鱼整体应该是 5 个鱼头的长度，其中鱼身体占 3 个鱼头的长度。
2. 雕刻鲤鱼注意鳞片应该雕刻得细致整齐。
3. 注意鱼鳍游动的方向，贴合实际。

做一做：

动手雕刻一个鲤鱼作品。

想一想：

鲤鱼的基本结构有哪些？

雕刻金鱼

一、雕刻原料

胡萝卜、白萝卜。

二、雕刻工具

食雕拉刻套刀、QQ 刀系列、大切刀、竹签。

三、制作过程

1. 取胡萝卜，用主刀开出金鱼的身形。

2. 用主刀开出金鱼的嘴巴，用大号拉刻刀拉出金鱼的头部、腹部轮廓，并用砂纸打磨光滑。

3. 用小号拉刻刀刻出金鱼头顶包。

4. 用六边形拉刻刀拉出金鱼尾巴的鳞片。

5．另刻4片鱼鳍、1片背鳍，粘上即可。

四、成品图片

师傅教路：

1．雕刻金鱼应注意比例，金鱼的眼睛比其他鱼类的眼睛大一点。

2．雕刻金鱼最重要的是鱼尾的设计，要雕刻得飘逸一点，显示出金鱼游动的姿态。

3．要雕刻好金鱼，平时生活中要多注意观察。

想一想：

1．金鱼的基本结构有哪些？

2．雕刻金鱼作品应该要搭配哪些配件？

雕刻海豚

一、雕刻原料

南瓜、白萝卜、胡萝卜。

二、雕刻工具

食雕拉刻套刀、QQ 刀系列、大切刀、竹签、502 胶水。

三、成品图片

做一做：

雕刻作品“海豚”。

师傅教路：

雕刻海豚要体现它们聪明活泼的个性，我们可以雕刻一些类似玲珑球的物品衬托。

想一想：

1. 海豚的基本结构有哪些？
2. 雕刻海豚时应该注意什么？

雕刻螃蟹

一、雕刻原料

南瓜、白萝卜、胡萝卜。

二、雕刻工具

食雕拉刻套刀、QQ 刀系列、大切刀、竹签、502 胶水。

三、成品图片

想一想：

1. 螃蟹的基本结构有哪些？
2. 雕刻螃蟹时应该注意什么？

练一练：

动手雕刻作品“螃蟹”。

雕刻龙龟

一、雕刻原料

芋头、胡萝卜。

二、雕刻工具

食雕拉刻套刀、QQ 刀系列、大切刀、502 胶水。

三、制作过程

1．用实心南瓜将龙龟的头部、躯干、颈部和四肢雕刻出来，用六边形拉刻刀细致地拉出龙龟的鳞片。

2．用实心南瓜雕刻出龟壳，并刻出龟壳上的纹路。

3．将所有部位用 502 胶水组合起来即可。

四、成品图片

想一想：

1. 龙龟的基本结构有哪些？
2. 雕刻龙龟时应该注意什么？

练一练：

动手雕刻一个龙龟作品。

雕刻宝塔

一、雕刻原料

芋头、胡萝卜。

二、雕刻工具

食雕拉刻套刀、QQ 刀系列、大切刀、502 胶水。

三、制作过程

1. 雕刻一个底面为正五边形的塔身。

2. 要求塔身的五个面大小均匀。

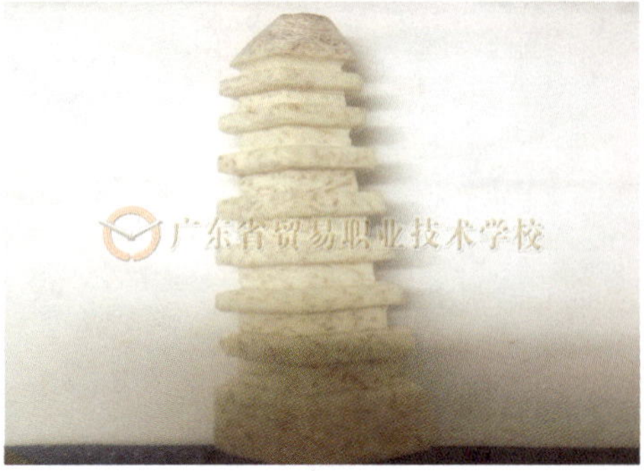

3. 均匀分出宝塔的七层。

4. 刻出宝塔每层上的屋檐。

5. 刻出宝塔顶部，细化就可以了。

想一想：

1. 宝塔的基本结构有哪些？

2. 雕刻宝塔时应该注意什么？刀工在这里起了什么作用？

练一练：

动手雕刻一个宝塔作品。

雕刻大讲坛　水族雕刻知多点

在我国古代，人们就赋予了金鱼以美好的想象和寄托。每逢春节，人们都喜欢养一些金鱼或是在年画上画一个大胖小子怀抱大金鱼，取意“人财两旺，年年有余”。“余”为“鱼”之谐音，象征着生活一年比一年好，吉庆有余。又如“金玉满堂”中“玉”“堂”为“鱼”“塘”的谐音，都是喜庆祝愿之词，表示富有。再如养有红虎头球（寿星球）即取延年益寿、吉祥如意的意思，表达一种良好的愿望。金鱼代表金玉满堂、年年有余、丰衣足食。鲤鱼：登龙门仕龙者为鲤鱼，鲤鱼跳龙门，有“及第”之意。

鱼的身体可分为头部、躯干和尾部三部分。头部和躯干部以鳃盖骨的后缘为界，躯干和尾部以肛门或泄殖孔为界。鱼的头部生长有唇、眼、鼻、鳃等器官，没有鳞片，一些鱼类的唇部还长有触须。鱼的唇部发达，生有味蕾，有感觉功能。鱼的眼睛位于头部前方两侧，无眼睑，不能闭合，视觉一般较差，只能看见近处。鱼的鼻子较小，不易察觉，位于头的前背方和眼的前方。鳃是鱼的呼吸器官。鱼的躯干生长有背鳍、胸鳍、腹鳍，其形状、大小、色泽因鱼的种类不同而不同。鱼的尾部是从肛门以后至尾鳍基部，在尾部生长有臀鳍和尾鳍。

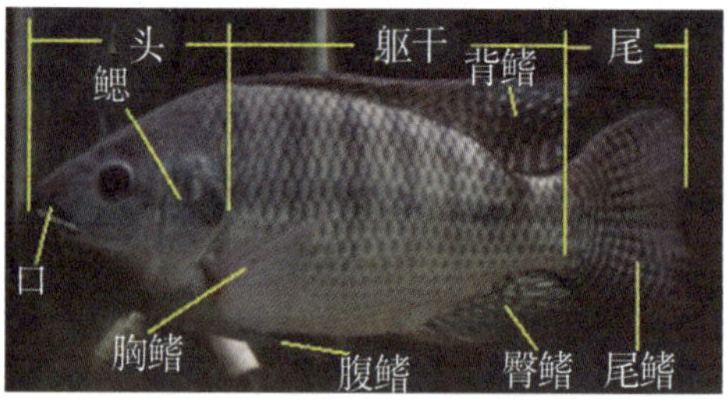

想一想：

1. 鱼的基本结构包括哪些？
2. 在雕刻鱼等水族类动物的时候应该注意什么？

做一做：

1. 请选择一张鲤鱼的图片，根据图片画出鲤鱼。
2. 试着画出虾趣图。

雕刻大视野 食品雕刻的地位和作用

食品雕刻技艺是我国烹饪技术中的一朵奇葩。中国烹饪历来讲究色、香、味、形、质、意俱全，烹制的菜品不仅要注重营养、味道、质感等，还要重视菜品的造型、色彩和意境等视觉审美因素，也就是菜品的“卖相”。食品雕刻是在追求烹饪造型艺术的基础上发展起来的一种点缀、装饰和美化菜品的应用技术。

现代食品雕刻技术广泛运用于菜品制作、菜点装饰，以及看台、展台的制作。其具体作用如下：

1. 美化菜肴，弥补菜肴自身的不足。

将食品雕刻摆放在菜盘内，与菜肴组合搭配，以弥补菜肴形状、色彩上的不足，从而达到美化菜肴、提升菜肴品质的目的。如一些档次较高的餐厅，要求厨师对每道菜品都要进行造型、装饰，包括平常的小煎、小炒菜肴，这时食品雕刻就有了用武之地。

在与菜肴组合搭配时，要注意食品雕刻与菜肴不能直接接触，而且食品雕刻只能起锦上添花的作用，而不能喧宾夺主。

2. 提高宴席档次，活跃宴席气氛。

用食品雕刻的各种艺术形态作品摆放于宴席中，可以丰富席面的色彩，使宴席组合形式多样。同时可以使客人在进餐时能得到美的享受。特别是在进餐前的席面中间摆上一组西瓜灯，其灯光透过瓜皮表面的孔洞透射出来，给客人耳目一新、兴趣盎然的感觉。

3. 提高厨师造型能力及审美能力。

食品雕刻是一门艺术。现代餐饮企业的厨师，大都掌握一定的食品雕刻技术。食品雕刻的制作是一种造型能力（把握形体结构特征的能力）的锻炼，经过长时间的练习，厨师能熟悉物象的形态特征，提高自身的造型能力及审美能力。一些厨师为了展示自己的烹饪技艺，也需要借助食品雕刻的手段来美化菜品，以提高行业竞争力。

4. 展示企业技艺，促进企业销售。

食品雕刻是树立企业品牌、扩大宣传的一种必备手段。行业里的社会活动、企业间的互相交流日趋频繁，每一次比赛及交流活动都成了企业展示技艺、树立品牌的大好时机。精美的食品雕刻展台，在每次活动中都成为一大亮点，作品独特的造型、鲜艳的色彩，吸引了不少观众的目光。所以好的食品雕刻展示台能扩大企业的知名度，为促进企业销售打下坚实的基础。

知识拓展　磨制食品雕刻刀具的方法

1. 大切刀和主刀：磨刀时两面都要平磨，先磨刀身，再磨刀尖，以防刀形变化。在磨刀刃时若有卷刃现象，可将卷刃磨掉。磨里口时要沿刀刃坡度将刀与专用的磨刀石紧贴，不可将刀背抬高。将整个刀面与专用的磨刀石紧贴，前后反复摩擦，直至磨锋利为止，要注意推拉的距离要尽量长一些，这样比较省力，同时注意加水。

2. 削皮刀：削皮刀磨刀前，在磨刀石上洒一些水，然后将削皮刀的刀刃平放在磨刀石上，前后推拉到磨好为止。

3. 圆口戳刀：戳刀与其他刀种不同，它的特点是刀刃开在前端，切刀的刀刃呈弧形。圆口戳刀有里口刀刃和外口刀刃。磨外口刀刃时，将刀刃放在磨刀石上，然后随着弧形左右旋转磨，为了避免卷刃，磨好后再轻磨一下里口刀刃。磨里口刀刃时，利用磨刀石的棱角部位，先把磨刀石的棱角部位磨圆，去掉尖角，再把弧形刀口扣在磨刃石上去掉尖角的棱角，左右旋转着磨，磨完里口刀刃，再轻磨几下外口刀刃，去掉卷刃。另外，也可以去五金店买专用的小钢锉来磨圆口戳刀。

4. 三角戳刀：三角戳刀也有里口刀刃和外口刀刃。磨外口刀刃时，将刀放置在磨刀石的平面上平磨，磨好一边后，再磨另一边，但一定要注意，若刀与磨刀石的面倾斜角度过大，容易造成卷刃。磨里口刀刃时，沿着磨刀石的棱角，前后推拉磨刀，磨完里口刀刃后，把刀刃翻过来，放在磨石的平面上顺势轻拉几下，去掉卷刃。此类型号的刀具也可以使用专用的小钢锉来磨。

5. 拉刻刀：拉刻刀是“刀王”邓超发明的国家专利食品雕刻工具，也是近几年最流行的食品雕刻刀具，因为做工比较精细，一般是不需要磨制的，如果是自制的拉刻刀或买到一些非正规厂家生产的拉刻刀，就需要进行磨制才可以使用。拉刻刀可以用比较细的砂纸打磨，也可以用细磨刀石磨制，在磨制时，请保持拉刻刀的大型，各处要均匀打磨，以免磨出缺口。

各种类型的雕刻刀都有各自不同的型号，有大有小，但各种雕刻刀的磨法还是相同的。

认识原料　常见的食品雕刻原料（二）

常见的果蔬雕刻原料

名称	特点与用途	图片
白萝卜	又称莱菔，为十字花科两年生或一年生草本植物，呈圆锥、圆球、长圆锥等形，选择时以外皮光滑、无开裂分支、无畸形、无黑心、无糠心者为佳。在食品雕刻中应根据所雕刻物品的形状选择不同形状的白萝卜。它是雕刻仙鹤、宝塔、花卉等的常用原料	
“心里美”萝卜	又称花心萝卜，除了具有体大肉厚的特点外，最重要的是色泽鲜艳、质地脆嫩，外皮呈绿色，肉呈粉红、玫瑰红或紫红色。由于它的颜色与某些花卉相似，所以雕刻出的花形逼真，如紫玫瑰、紫月季、牡丹、菊花等。除了用于雕刻各种花卉之外，它还可以用来雕刻一些鸟类的头冠、尾羽等	

想一想：

1. 雕刻水族类动物应该注意什么？
2. 在展台设计中，水族类动物雕刻起什么作用？

思考与练习：

1. 鱼由哪几部分构成？
2. 水族类雕刻的要点是什么？
3. 分别说出雕刻鲤鱼、神仙鱼、虾的过程。
4. 根据雕刻鱼类的方法，试着雕刻两种以上书中没有介绍的鱼类。

模块二自我测验题

一、不定项选择题

1. 金鱼在雕刻中代表寓意错误的是（　　）。
   A. 金玉满堂
   B. 年年有余
   C. 事业有成
   D. 丰衣足食
2. 鱼的身体可分为（　　）。
   A. 头部
   B. 躯干
   C. 尾部
   D. 眼睛
3. “庆功宴”一般选用的雕刻作品的主题有：①鲲鹏展翅　大展宏图　锦上添花　骏马奔腾　②锦绣前程　壮志凌云　志在千里　鲤鱼跳龙门　③一飞冲天　一鸣惊人　步踏青云　独占鳌头　④月下情侣　雄鹰展翅　倾诉衷肠　孔雀开屏　⑤飞黄腾达　步步高升　天马行空　龙马精神（　　）。
   A. ①②③④　　B. ②③④⑤　　C. ①③④⑤　　D. ①②③⑤
4. 食品雕刻常用的刀法有：①旋　②刻　③戳　④削　⑤切　⑥镂空　⑦铲　⑧砍（　　）。
   A. ①②③④⑤⑥⑦⑧
   B. ①②③④⑤⑥⑦
   C. ①②③⑥⑦⑧
   D. ①④⑤⑥⑦⑧
5. 下列属于立体雕刻的是：①整雕　②零雕整装　③组合雕　④凸环雕　⑤浮雕　⑥镂空雕（　　）。
   A. ①②③④　　B. ③④⑤⑥　　C. ①②③⑥　　D. ①②④⑤

二、绘制一幅画，主题是“鲤鱼跃龙门”

模块三

动物类雕刻

师傅教路：在食品雕刻的内容中，畜、兽类动物的形态造型所占的比例是比较大的。每种动物的形态千变万化，我们选其某一瞬间的优美姿态作为雕刻主题，在雕刻前要了解各种动物的不同形态结构和比例，区分不同种类动物的特征。

雕刻鸟类翅膀

一、雕刻原料

胡萝卜。

二、雕刻工具

502 胶水、竹签、主刀、大切刀（大、中、小六边形拉刻刀）、QQ 刀系列。

三、制作过程

1. 取一段胡萝卜原料，去皮后在萝卜上面刻出鸟类翅膀的大型。

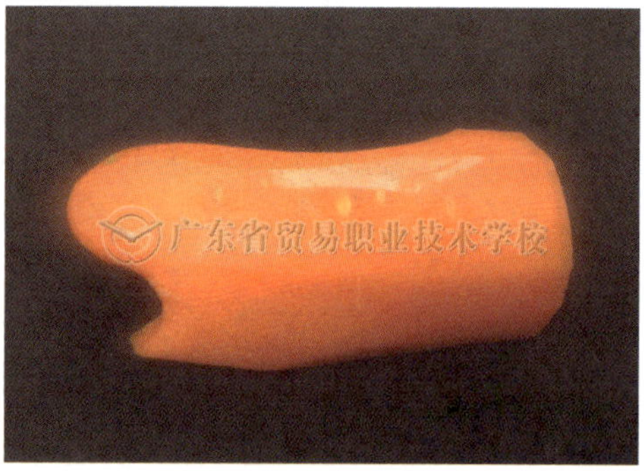

2. 将翅膀从原料上取出。

3. 刻出翅膀第一层小覆羽和第二层中覆羽。

4. 刻出翅膀的第三层 7 ~ 9 片飞羽。

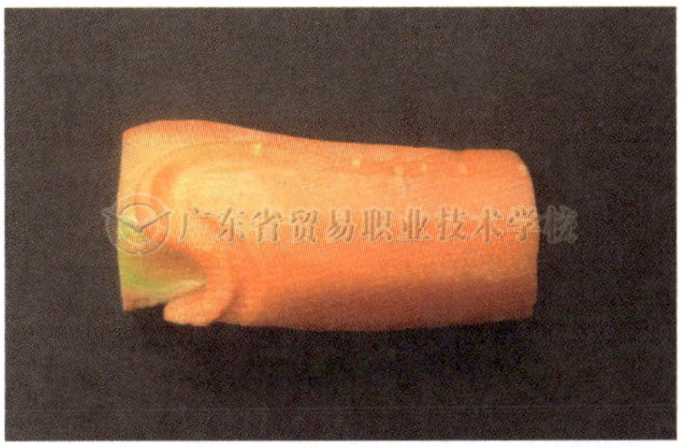

5. 用同样方法刻出翅膀的反面大型。

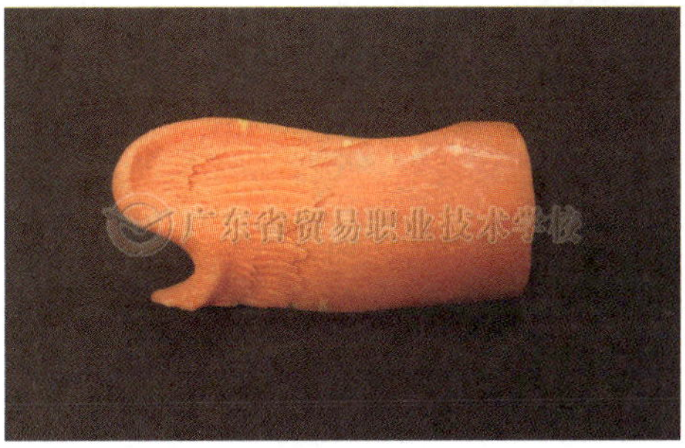

6. 刻出翅膀反面的小覆羽和中覆羽。

7. 翅膀完成图。

四、成品图片

想一想：

1. 雕刻小鸟翅膀的要点是什么？
2. 如何雕刻出一幅“鸟语花香图”，请试一试。

项目二

雕刻凤凰头

一、雕刻原料

南瓜、胡萝卜等。

二、雕刻工具

502 胶水、竹签、大切刀、食雕拉刻套刀、QQ 刀系列。

三、制作过程

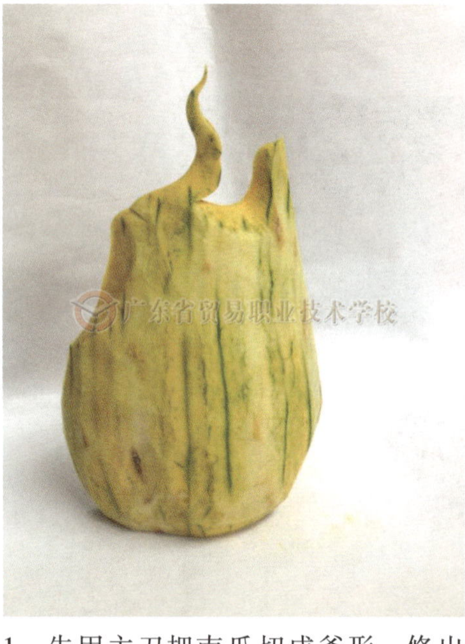

1. 先用主刀把南瓜切成斧形，修出凤凰的上额形。

2. 接着修出凤凰的嘴巴和羽毛。

3．再雕刻出凤凰的凤坠，注意两边对称。

4．用主刀细致刻出凤凰的眼睛。

5．再用主刀和六边形拉刻刀将凤凰颈部羽毛刻出。

6．以S形为基础刻出羽毛。

7. 将凤凰的颈项雕刻出来，用主刀或六边形拉刻刀刻出鳞片状的羽毛。

四、成品图片

想一想：

1. 凤凰头的基本结构有哪些？
2. 雕刻凤凰头时要注意什么问题？

小贴士：

1. 雕刻凤凰头时一定要注意神态的把握，凤凰要雕刻得高贵清秀。

2. 颈部的羽毛要雕刻S形。

3. 凤冠似灵芝，位于额喙间。

试一试：

自己动手雕刻凤凰头，并思考雕刻凤凰头和鸟头的方法有何异同。

雕刻凤凰

一、雕刻原料

胡萝卜。

二、雕刻工具

502 胶水、竹签、大切刀、食雕拉刻套刀、QQ 刀系列。

三、制作过程

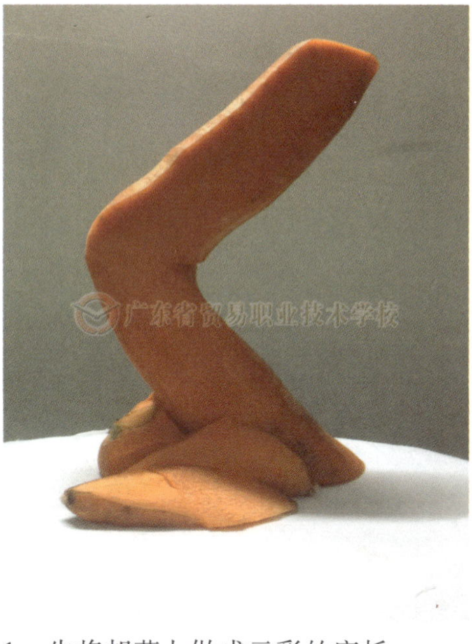

1. 先将胡萝卜做成云彩的底托。

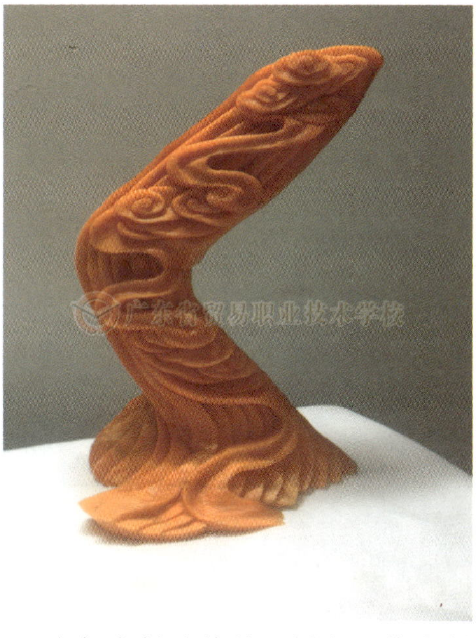

2. 在与底托连接处，用主刀将底托刻出云彩。

3. 另取原料刻出凤凰头部大型。

4. 刻出凤凰头部。

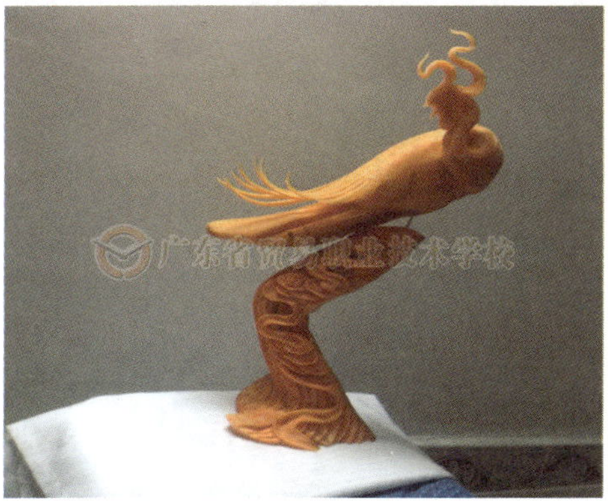

5. 刻出凤凰的身体和头部，安装在云彩底座上。

6. 刻出凤凰的尾巴。

7. 刻出凤凰的爪子。

8. 刻出凤凰的翅膀及相思羽，组装凤凰。

四、成品图片

指点迷津：

1. 凤凰雕刻成回头的姿势，用六边形及小号拉刻刀细化细节，注意凤凰眼睛是丹凤眼等特点，固定在云彩底座上应注意平衡。
2. 凤凰的尾巴是三条。

想一想：

1. 凤凰的基本结构有哪些？
2. 雕刻类似凤凰的组合作品时应该注意什么？

雕刻龙头

一、雕刻原料

胡萝卜。

二、雕刻工具

502 胶水、竹签、大切刀、食雕拉刻套刀、QQ 刀系列。

三、制作过程

1. 取一段原料切成前窄后宽的梯形。

2. 先刻出龙鼻子和额头大型。

3. 用大号拉刻刀刻出龙头上的凹凸点。

4. 在两侧雕刻出龙的眼睛。

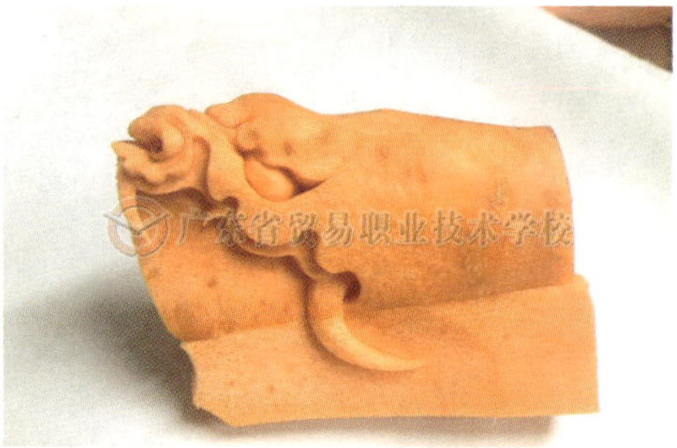

5. 依次刻出龙的嘴巴和獠牙。

6. 刻出龙的下嘴唇。

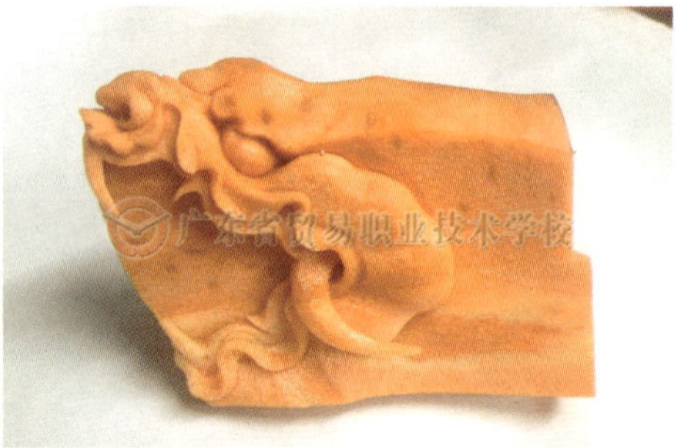

7. 刻出龙面部的肌肉。

8. 刻出龙的水腮和毛发即成。

四、成品图片

指点迷津：

1. 雕刻龙头要注意对比例的把握，毛发要雕刻得飘逸一点，刀工要刚劲有力。

2. 额头上的凹凸点和翻唇是成败的关键，雕刻时要好好把握。

3. 獠牙要雕刻得锋利一点，眼睛下刀要深一点。

雕刻作品——龙马精神

一、雕刻原料

芋头、南瓜、冬瓜皮。

二、雕刻工具

食雕拉刻套刀、QQ 刀系列、大切刀、502 胶水。

三、制作过程

1. 先用芋头雕刻出月亮的形状做“龙马精神”作品的底座。

2. 将雕刻好的龙身缠绕在月亮上。

3. 另取南瓜将龙背鳍粘上，将龙头、龙脚粘上。

4. 将马雕刻好。

四、成品图片

想一想：

1. 雕刻龙马组合作品时应该注意什么？
2. 作品“龙马精神”可以用在什么场合？有什么寓意？

议一议：

1. 雕刻动物类作品与雕刻其他作品有什么不同之处？
2. 雕刻动物类大型作品时，如何恰当地使用竹签和胶水？
3. 雕刻龙要用到哪些雕刻方法？
4. 我们应该如何保存雕刻作品？

雕刻作品——大鹏展翅

一、雕刻原料

南瓜、胡萝卜、白萝卜。

二、雕刻工具

食雕拉刻套刀、QQ 刀系列、大切刀、502 胶水。

三、制作过程

1. 用主刀将老鹰身上大型和羽毛刻出。

2. 另取南瓜雕刻出飞出水面的鲤鱼。

3. 用小号拉刻刀细化鳞片。

四、成品图片

试一试：

先画出“大鹏展翅图”，然后将其雕刻出来。

雕刻作品——金鸡报喜

一、雕刻原料

南瓜、芋头、胡萝卜、“心里美”萝卜。

二、雕刻工具

食雕拉刻套刀、QQ 刀系列、大切刀、502 胶水。

三、制作过程

1. 用芋头雕出公鸡头冠的大型。

2. 用胡萝卜雕刻公鸡的嘴和冠，用芋头雕刻公鸡头部的其他部分。

3. 用芋头接出公鸡身体的大型。

4. 用青萝卜、胡萝卜、南瓜等雕出公鸡的尾巴。

四、成品图片

想一想：

1. 雕刻公鸡组合作品时应该注意什么？
2. 公鸡在雕刻中的寓意是什么？

练一练：

自己动手雕刻一个“金鸡报喜”作品。

雕刻作品——马上封侯

一、雕刻原料

南瓜、芋头、胡萝卜。

二、雕刻工具

食雕拉刻套刀、QQ 刀系列、大切刀、502 胶水。

三、制作过程

1. 先雕刻出奔跑中马的大型。

2. 雕刻出猴子的头部和整体。

3. 将雕刻好的猴子组合安装在马上即成。

四、成品图片

想一想：

1. 雕刻猴子类组合作品时应该注意什么？
2. 猴子在雕刻中的寓意是什么？

练一练：

自己动手雕刻一个“马上封侯”作品。

项目九

雕刻作品——相亲相爱

一、雕刻原料

青萝卜、胡萝卜、白萝卜、“心里美”萝卜。

二、雕刻工具

食雕拉刻套刀、QQ 刀系列、大切刀、502 胶水。

三、成品图片

想一想：

1. 雕刻鸳鸯组合作品时应该注意什么？
2. 鸳鸯在雕刻中的寓意是什么？

练一练：

自己动手雕刻一个鸳鸯作品。

雕刻作品——龙凤和鸣

一、雕刻原料

南瓜、胡萝卜、白萝卜。

二、雕刻工具

食雕拉刻套刀、QQ 刀系列、大切刀、502 胶水。

三、制作过程

1. 用南瓜雕刻出“龙凤和鸣”作品的底座。

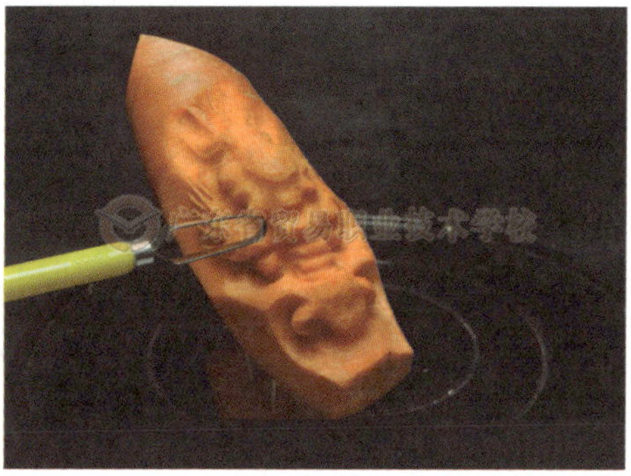

2. 用胡萝卜雕刻出龙头造型。

3. 用南瓜刻出凤凰造型。

4. 用胡萝卜雕刻出龙身，缠绕在底座上。

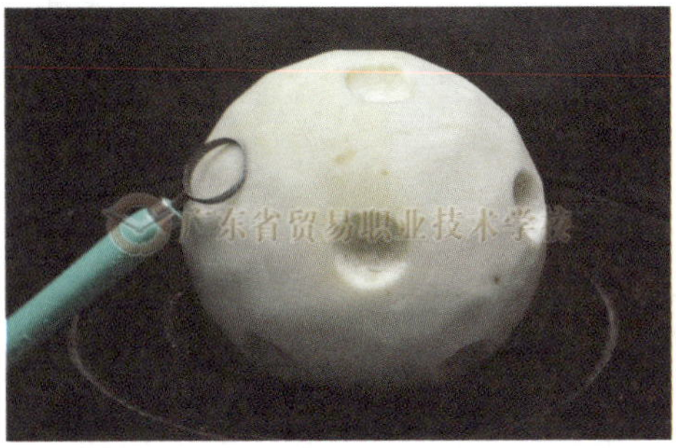

5．用芋头将玲珑球雕刻出。

6．将龙凤组合安装。

四、成品图片

想一想：

1．“龙凤和鸣”作品有什么寓意？
2．“龙凤和鸣”作品适合什么宴会？
3．龙凤组合作品在酒店展台上起什么作用？
4．雕刻龙凤组合作品时应该注意什么？

练一练：

自己动手雕刻一个龙凤的作品。

雕刻作品——五羊

一、雕刻原料

芋头、胡萝卜、青萝卜。

二、雕刻工具

食雕拉刻套刀、QQ 刀系列、大切刀、502 胶水。

三、制作过程

1. 用芋头雕刻出第一只羊的大型。

2. 再雕刻出其他小羊的动态。

3. 五羊背面效果。

四、成品图片

想一想：

1. 五羊是广州的标志建筑，雕刻五羊组合作品时应该注意什么？

2. 五羊的寓意是什么？在什么时候适合雕刻五羊作品？

练一练：

自己动手雕刻一个五羊作品。

雕刻大讲坛　凤凰雕刻要诀

雕凤先出喙，再刻头和冠；
凤冠似灵芝，位于额喙间；
肉垂如鸡坠，要在下颌悬；
颈羽由睑起，逐层往下添；
凤翅似折扇，开合于体边；
翅生相思羽，刻好点和线；
覆羽如水纹，飞羽尖又圆；
背为指甲纹，亦可刻鳞片；
凤尾造型多，变化无际边；
飘逸为根本，首尾要顾全；
尾翎肚侧生，尾羽背后连；
尾筋长节形，尾镜桃心般；
凤腿似鹤足，立于凤腹间；
趾爪应分离，卷伸要自然；
雕刻到最后，再把眼来添；
雕好凤造型，绘画为艺先。

雕刻大视野　动物雕刻作品赏析

师傅教路：

在食品雕刻的内容中，每种动物的形态千变万化，雕刻难度也较大，我们在学习食品雕刻时，应该多欣赏优秀雕刻作品，培养我们的艺术素养。

赏析一：闲庭漫步

雕刻原料：南瓜、胡萝卜、白萝卜。
雕刻工具：食雕拉刻套刀、QQ 刀系列、大切刀、502 胶水。

赏析二：天鹅

雕刻原料：南瓜、胡萝卜、白萝卜。
雕刻工具：食雕拉刻套刀、QQ 刀系列、大切刀、502 胶水。

赏析三：春之韵

雕刻原料：芋头、胡萝卜、白萝卜、“心里美”萝卜。
雕刻工具：食雕拉刻套刀、QQ 刀系列、大切刀、502 胶水。

赏析四：福如人生

雕刻原料：芋头、胡萝卜、白萝卜、“心里美”萝卜。
雕刻工具：食雕拉刻套刀、QQ 刀系列、大切刀、502 胶水。

赏析五：鸟语

雕刻原料：南瓜、胡萝卜、“心里美”萝卜。
雕刻工具：食雕拉刻套刀、QQ 刀系列、大切刀、502 胶水。

知识拓展　龙生九子的由来

——引自李东阳《怀麓堂集》

龙生九子是指龙生了九个儿子，九个儿子都不成龙，各有不同。所谓“龙生九子”，并非龙恰好生九子。中国传统文化中，以九来表示数量极多，代表至高无上的地位。九是个虚数，也是贵数，所以用来描述龙子。古时民间有“龙生九子，不成龙，各有所好”的传说。

传说中龙的九个儿子分别为：

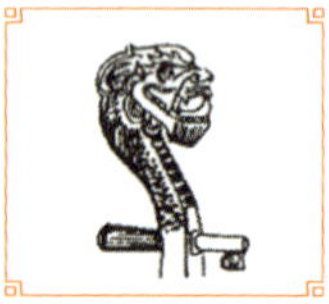

囚牛

1. 龙生九子之一·囚牛（qiú niú）。

囚牛，是龙生九子中的老大，平生爱好音乐，它常常蹲在琴头上欣赏弹拨弦拉的音乐，因此琴头上便刻有它的遗像。这个装饰一直沿用下来，一些贵重的胡琴头部至今仍刻有龙头的形象，称其为“龙头胡琴”。

2. 龙生九子之二·睚眦（yá zì）。

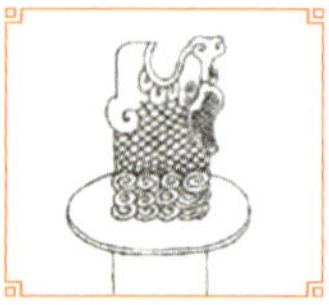

睚眦

睚眦，是老二，平生好斗喜杀，刻镂于刀环、刀柄、龙吞口的走兽便是它的遗像。这些武器装饰了龙的形象后，更增添了慑人的力量。它不仅装饰在沙场名将的兵器上，更大量地用在仪仗和宫殿守卫者的武器上，从而更显得威严庄重。

3. 龙生九子之三·嘲风（cháo fēng）。

嘲风

嘲风，形似兽，是老三，平生好险又好望，殿台角上的走兽是它的遗像。这些走兽排列着单行队，挺立在垂脊的前端。走兽的领头是一位骑禽的仙人，后面依次为龙、凤、狮子、天马、海马、狻猊、押鱼、獬豸、斗牛和行什。它们的安放有严格的等级制度，只有北京故宫的太和殿才能十样俱全，次要的殿堂则要相应减少。嘲风，不仅象征着吉祥、美观和威严，还具有威慑妖魔、清除灾祸的含义。嘲风的安置，使整个宫殿的造型既规格严整又富于变化，达到庄重与生动的和谐，宏伟与精巧的统一，它使高耸的殿堂平添一层神秘气氛。

4. 龙生九子之四·蒲牢（pú láo）。

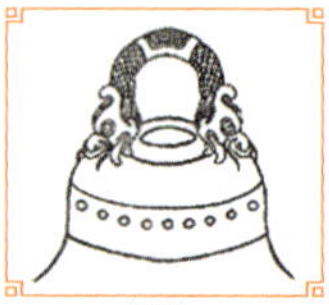

蒲牢

蒲牢，形似盘曲的龙，排行第四，平生好鸣好吼，洪钟上的龙形兽钮是它的遗像。原来蒲牢居住在海边，虽为龙子，却一向害怕鲸鱼。当鲸鱼一发起攻击，它就吓得大声吼叫。人们根据其“性好鸣”的特点，“凡钟欲令声大音”，即把蒲牢铸为钟钮，而把敲钟的木杵做成鲸鱼形状。敲钟时，让鲸鱼一下又一下地撞击蒲牢，使之“响入云霄”且“专声独远”。

5. 龙生九子之五·狻猊（suān ní）。

狻猊

狻猊，形似狮子，排行第五，平生喜静不喜动，好坐，又喜欢烟火，因此佛座上和香炉上的脚部装饰就是它的遗像。相传这种佛座上装饰的狻猊是随着佛教在汉代由印度人传入中国的，至南北朝时期，我国的佛教艺术上已普遍使用，这种造型经过我国民间艺人的创造，具有中国的传统气派，后来成了龙子的老五。它多被布置在结跏趺坐或交脚而坐的佛、菩萨像前。明清之际的石狮或铜狮颈下项圈中间的龙形装饰物也是狻猊的形象，它使守卫大门的中国传统门狮更为威武。

6. 龙生九子之六·椒图（jiāo tú）。

椒图

排行第六，形似螺蛀，好闭口，因而人们常将其形象雕在大门的铺首上，或刻画在门板上。螺蛀遇到外物侵犯，总是将壳口紧合。人们将其用于门上，大概就是取其可以紧闭之意，以求安全。

7. 龙生九子之七·狴犴（bì àn）。

狴犴

狴犴，又名宪章，形似虎，是老七。它平生好讼，却又有威力，狱门上部那虎头形的装饰便是其遗像。传说狴犴不仅急公好义、仗义执言，而且能明辨是非、秉公而断，再加上它的形象威风凛凛，因此，除装饰在狱门上外，还匍匐在官衙的大堂两侧。每当衙门长官坐堂，行政长官衔牌和肃静回避牌的上端，便有它的形象。它虎视眈眈，环视察看，维护公堂的肃穆正气。

8. 龙生九子之八·赑屃（bì xì）。

赑屃

赑屃，似龙形，排行老八，平生好文，石碑两旁的文龙是其遗像。我国碑碣的历史久远，内容丰富，它们有的造型古朴，碑体细滑、明亮，光可鉴人；有的刻制精致，字字有姿，笔笔生动；也有的是名家诗文石刻，脍炙人口，千古称绝。而赑屃十分爱好这种闪耀着艺术光彩的碑文，它甘愿化作图案文龙去衬托这些传世的文学珍品，把碑座装饰得更为典雅秀美。

9. 龙生九子之九·螭吻（chī wěn）。

螭吻

螭吻，又名鸱尾、鸱吻，龙形的吞脊兽，是老九，口阔噪粗，平生好吞，殿脊两端的卷尾龙头是其遗像。《太平御览》有如下记述：“唐会要目，汉相梁殿灾后，越巫言，‘海中有鱼虬，尾似鸱，激浪即降雨’，遂作其像于尾，以厌火祥。”文中所说的“巫”是方士之流，“鱼虬”则是螭吻的前身。螭吻属水性，用它作镇邪之物以避火。

认识原料　常见的食品雕刻原料（三）

常见的果蔬雕刻原料

名称	特点与用途	图片
马铃薯	又称土豆，肉质细腻，有韧性，没有筋络，多呈中黄色或白色。选择时以形大而均匀整齐、皮薄光滑、芽眼浅、肉质细密者为佳。它适合雕刻花卉、人物、小动物等	
茎用莴苣	又称青笋，茎呈长圆筒形或长圆锥形，肉质细嫩且润泽如玉，多为翠绿色，亦有白色泛淡绿色。选择时以茎粗大、节间长、质地脆嫩、无枯叶空心者为佳。它可用于雕刻龙、翠鸟、草、各种小花，以及玉镯、簪、服饰、绣球、青蛙、螳螂等	

思考与练习：

1. 鸟由哪几部分构成？
2. 雕刻龙的要点是什么？
3. 试着雕刻一只凤凰。
4. 根据动物类雕刻的方法，试着雕刻两种以上书上没有介绍的动物。

模块三自我测验题

一、填空题

1. 学习食品雕刻过程中要做到的“四多”是指多看别人的作品、多动手苦练、________、________。

2. 食品雕刻在运用中要注意的事项有了解宴会的形式、尊重客人的习俗和信仰、_______、_______。

3. 确定雕刻什么内容的食雕必须要先确定主题，即________。它要依据筵席菜肴或宴会、酒会的________、对象、规格、要求等条件才能确定下来。

4. 雕刻的艺术表现形式有________、________。

5. 食品雕刻原料的取料原则是________、________、因色取材。

6. 食品雕刻的工艺程序就是________、构思、选料、________、制作、装饰六道程序。

7. 食品雕刻既具技术性又具________性，其成品有可食性和________两种类型。

8. 按成品的用途我们可以将食品雕刻分为________、________、既可欣赏又可食用的。

9. 凤凰是我国神话传说中的一种神奇的禽科动物，和龙一样是中华民族特有的传统标志。它象征着________、安宁、瑞祥和________，比喻为美满的爱情。

10. 组合雕要求作者有整体观念，有计划地分体雕刻。要经过局部、________、________这三个步骤。

二、选择题

1. 下面关于凤凰的说法中错误的是（　　）。
   A. 凤凰是生活在我国云南的一种神奇的禽科动物
   B. 和龙一样是中华民族特有的传统标志
   C. 它象征着吉庆、安宁、瑞祥和高贵
   D. 比喻为美满的爱情

2. 食品雕刻作品用来点缀菜肴主要有哪几种形式：①盘边装饰　②周围装饰　③盘心点缀　④菜肴表面的装饰　⑤盛装（　　）。
   A. ②③　　B. ①②③④　　C. ②③④⑤　　D. ①②③⑤

3. 下面关于作品的题材与造型说法中不正确的是（　　）。
   A. 鹰的气势磅礴、安然翱翔、勇猛傲视在宴会中多表达刚毅、雄健和鹏程万里的祝福
   B. 船的造型一般以舟、帆船为代表，寓一帆风顺、吉祥之意。其造型多古朴、典雅、美观、别致，还可作为菜的盛器
   C. 鸳鸯是爱情的象征，表示情侣相伴，常和喜鹊一样多用于婚宴
   D. 表达长寿主题的整雕有“寿山福海”“篮中仙桃”“八仙祝寿”“老马识途”等作品

模块四

瓜盅类雕刻

师傅教路： 瓜盅就是在适合于刻瓜盅的体大肉厚的瓜类的皮上刻上图案，用作盛菜的器具，所烹食品除了美观以外，更带有一股瓜类的清香味。瓜盅上雕刻有各种图案，或花卉人物，或山水鸟兽，主要是配合宴会内容，可形式多样，以烘托宴会气氛。

项目一

雕刻作品——年年有余瓜盅

一、雕刻原料

西瓜。

二、雕刻工具

食雕拉刻套刀。

三、制作过程

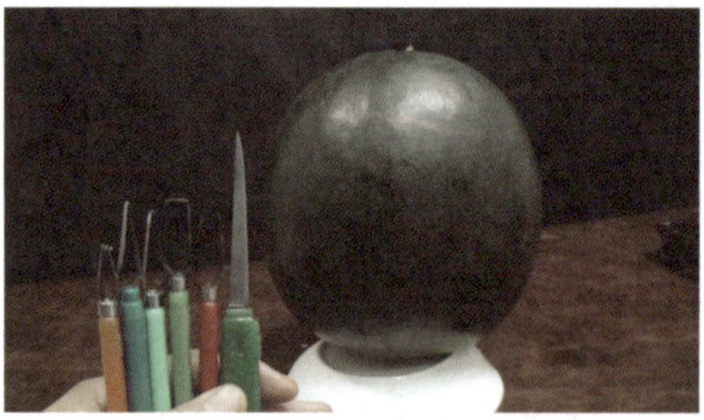

1. 先用圆珠笔或水性笔在瓜皮上描绘好图案。

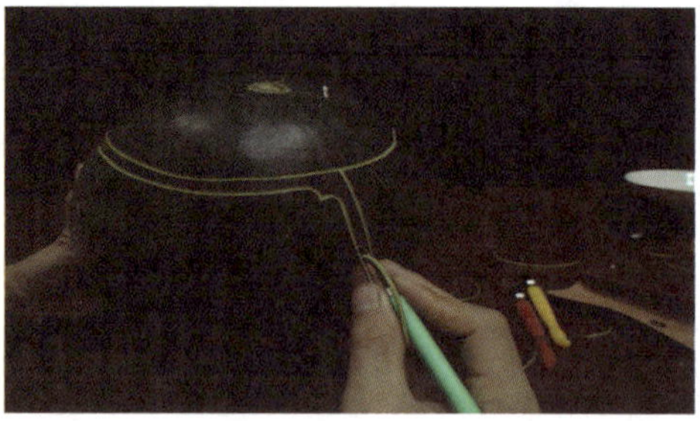

2. 用中号拉刻刀拉出边框线条及回纹。

3. 拉T字回纹时先拉出横线再拉出竖线即可。

4. 用小号拉刻刀沿着绘好的线条拉刻图案，注意图层的规律。

5. 拉刻好的图案确定后就可以开始把不要的瓜皮去掉。

6. 用矩形拉刻刀去掉多余的瓜皮，细微处可用中号拉刻刀口轻轻刮掉。

7. 剩下的图案大型，在雕刻的过程中淋些水保湿。

8. 用小号拉刻刀开始细化鱼鳞。

9. 用小号拉刻刀拉刻出鱼尾线条，注意扇形线条规律。

10. 用小号拉刻刀将浪花刻出。

11. 用小号拉刻刀细化水浪纹，中号拉刻刀拉空浪头多余废料。

12. 用戳刀开出顶部盖子，另取半边西瓜刻好底托即成。

练一练：

你还能用西瓜雕出哪些图案？试一试。

雕刻作品——如意西瓜盅

一、雕刻原料

西瓜。

二、雕刻工具

食雕拉刻套刀。

三、制作过程

1．准备一个圆西瓜，用笔在瓜上绘出雕刻图案，用主刀细致地修出西瓜盅的线条，拉刻好的图案确定后就可以把不要的瓜皮去掉。

2．西瓜中心用雕刻大丽花的方法从外到内雕刻出西瓜盅的花心；按比例刻出西瓜盅的外围花瓣形状。

3. 另外选用一个“黑美人”西瓜，雕刻出西瓜盅的底座，注意比例大小。

四、成品图片

雕刻大讲坛　瓜盅雕刻知多点

俗话说：“美食不如美器。”瓜既是盛器，又是菜肴，真的是配合得天衣无缝。下面就介绍一下西瓜盅的制法及运用。

西瓜盅的雕刻大体步骤是：选料—构图—推出盅体与盅盖的分界线—雕盅盖—雕盅体—雕底座—合拼。用来雕刻西瓜盅的西瓜一般应选体圆、光滑无黑斑的。而西瓜盅所刻图案应视实际情况而定，例如，用以祝寿应刻仙鹤、松树等；而婚礼则应雕刻龙凤之类的图形。雕刻的手法可采用凹凸并用的方法。在具体雕刻时，用刀要轻，切勿大刀阔斧，可选用细纹刀推轮廓，然后仔细雕刻。雕刻在盅体上的图案应清晰，并且选材应新、奇，给人以不同寻常的感觉。下面具体介绍两种西瓜盅的刻法。

一、西瓜盅的阳刻法

1. 选一圆形青皮西瓜或黑皮西瓜洗净之后，用圆规线绳画出盅盖与盅体的分界线，然后用圆口刀推出刻线。

2. 在盅盖上刻出排列整齐的花瓣，花形可自选。

3. 将斜口刀或方口刀在分界线中间直插瓜内，分开盅体与盅盖，将分界线处刻成均匀的三角齿状，刻时注意每个三角形的大小要一致。

4. 用圆规在盅体上画几个大小相等的圆圈，再用圆口刀雕出圆圈。

5. 在圆圈内作图，图形可自选。刻时注意刀法，一般先将图案用铅笔画在瓜皮上，再用刀刻出。

6. 除去盅体圆圈外的瓜皮，同时将西瓜里面的瓜瓤去除即可。

二、西瓜盅的阴刻法

阴刻法与阳刻法基本相同，不同的是以瓜皮为底，绿色为主调。

西瓜盅底座的制作：在西瓜上选一段（呈圆台状）并在瓜皮上刻出花纹即成底座。将瓜盅放在底座上，同时拿下盅盖，剔出瓜瓤即可。

想一想：

1. 瓜盅类雕刻作品应该如何保存？
2. 雕刻瓜盅类的作品需要有美术基础吗？
3. 我们如何才能学好瓜盅雕刻？
4. 瓜盅类雕刻作品应用在什么地方？

指点迷津：

瓜盅雕刻是很受宾客喜爱的食雕艺术品，既可以食用，又可以观赏。不仅为宴会锦上添花，又为就餐者增添了愉悦的气氛。一个上等的瓜盅作品必须结合艺术绘画，为其赋予生命力和艺术感染力。选材可以很广泛，西瓜、哈密瓜、香瓜、冬瓜、南瓜、橙子、番茄、柿子椒等都可以选用。题材可以写意也可以写实，对瓜进行恰当选料；构图可以选用民间绘画、剪纸等艺术，如工笔白描、书法、文字、吉祥纹路、写实画等，只有形象题材与装饰题材完美结合，才能完成一个优秀的瓜雕作品。

雕刻大视野　瓜盅雕刻作品赏析

赏析一：大丽花瓜盅

雕刻原料：西瓜。
雕刻工具：食雕拉刻套刀、QQ 刀系列、大切刀。

赏析二：双喜玫瑰瓜盅

雕刻原料：西瓜。
雕刻工具：食雕拉刻套刀、QQ 刀系列、大切刀。

赏析三：富贵菊

雕刻原料：冬瓜。
雕刻工具：食雕拉刻套刀、QQ 刀系列、大切刀。

赏析四：贸校欢迎您

雕刻原料：西瓜。
雕刻工具：食雕拉刻套刀、QQ 刀系列、大切刀。

赏析五：广东省贸易学校欢迎您

雕刻原料：西瓜。
雕刻工具：食雕拉刻套刀、QQ 刀系列、大切刀。

知识拓展　学好食品雕刻的方法

一、培养兴趣

俗话说，兴趣是最好的老师。如果一个厨师对食品雕刻兴趣十足，就不会把它当作一种负担、一项任务，而是当作一种乐趣、一种享受。因此，他就会利用很多空余时间去思考它、练习它。日积月累，他的雕刻技艺就会迅速提高。

二、狠抓基本功

我们从简单内容入手，循序渐进，加强雕刻刀法的训练。只有基础打扎实了，才能学好大型作品的雕刻技法，才能进行自我设计和创作。学一样就要会一样，精通一样，只有这样才会使初学者有成就感，有自信心。这就像上楼梯一样，只要踏踏实实，一步步地向上攀登，就一定会达到顶峰。如果好高骛远，想一步登上顶峰，则易半途而废。

三、要有坚强的毅力

我们要坚持不懈、持之以恒，这样才会顺利度过入门阶段这一困难时期。我们都有这样的体会，无论学习什么，起步入门阶段都是最困难的。很多意志力不强的人，就是在这一阶段败下阵来。一个从未接触过食品雕刻的人，他在学习刻第一朵花的时候，会觉得非常吃力，手不听使唤，下刀不准，这就是所谓的困难期。这个时候一定要坚持下去，一朵不行练两朵，十朵不行练二十朵……最终会练好它的。掌握了练一朵花，他就会对食品雕刻有了更深层的认识，诸如力度的大小、原料的性质、运刀的感觉、花的结构等，这些经验对以后的雕刻都会产生影响。如果第一种花练了一百次的话，第二种花只需练十次八次就能掌握，第三种花只需练三四次就可基本掌握了。

四、善于总结经验

我们要多动脑子，及时纠正错误，与其他人互教互学，不断实践，勤加练习，使之精益求精。先保证作品的质量，再稳中求快，快中求精。我们要不断钻研，找出规律。每次动手雕刻前，都要把所刻内容的外形特征、比例关系、下刀顺序、运刀方向等在心中反复揣摩几遍，做到胸有成竹，如此才能下刀准确、自如流畅、一气呵成。绝不能手忙脚乱，颠三倒四，一会这儿补一刀，一会那儿截一下，否则将会雕不成作品，以失败告终。

五、培养自己的艺术素养

学习构图常识，并在日常生活中注意观察和掌握表达形象的能力，不断实践和总结经验，精益求精。

六、积极进取，虚心学习

要处处留心，多向别人学习，多学习其他艺术门类，如剪纸、木雕、园林雕塑、绘画、插花等，不断培养自己的艺术修养和审美情趣；多方面吸收中国传统雕刻技艺的精华。只有不断提高自身的文化素质修养，才能大胆地去吸取、探索、创新。不论是否有美术基础，平时皆要多画简笔画（多画与雕刻内容有关的动物，如龙、凤、仙鹤、鱼、鹿等）。这样日积月累，一定会对你的学习有很大的帮助。

总之，学好食品雕刻不是一蹴而就的，需要我们有耐心、信心、毅力和恒心。只有持之以恒、勤奋学习、刻苦钻研，不断总结经验，及时纠正错误，同学之间互教互学，做好打“持久战”的准备，才能掌握好这门技术，真正成为一名名副其实的雕刻师。

雕刻雕刻，雕了才深刻，一分付出，一分收获！

认识原料　常见的食品雕刻原料（四）

常见的果蔬雕刻原料

名称	特点与用途	图片
红薯	又称番薯、甘薯、山芋、地瓜、甜薯等，肉质呈粉红色或浅红色，有的也呈白色或有美丽的花纹，质地细韧致密，可用于雕刻各种花卉、动物、人物和假山等	
洋葱	又称葱头、球葱、圆葱等，为百合科草本植物，原产于西南亚，在我国广为栽培。鳞茎大，呈球形、扁球形或椭圆形，外皮呈白色、黄色或紫色，鳞片肥厚。葱头质地柔软、略脆嫩、有自然层次，选择时以鳞茎肥壮、外皮干燥、无腐烂等为佳。它可用于雕刻荷花、睡莲、玉兰花等	
芋头	又称芋艿、芋根等，原产于东南亚，在我国栽培较多。地下肉质球茎呈圆、椭圆或长条形，皮薄粗糙，呈褐色或黄褐色。肉质细嫩，多白色或白色带紫色花纹。雕刻中运用较多的是广西荔浦芋、台湾槟榔芋和竹节芋。选择时以形状端正、组织饱满、未长侧芽、无干枯损伤者为佳。芋头适合雕刻人物、禽兽及大型组合雕刻	

思考与练习：

1. 可以用来制作瓜盅的原料有哪些？
2. 雕刻一个瓜盅应该分哪几个步骤？
3. 自己设计一个瓜盅的图样，并亲手制作。
4. 根据寿宴的性质，自己雕刻一组瓜盅作品。

模块四自我测验题

一、填空题

1. “三阳开泰”一词具有________、________的含义，所以“三阳开泰盅”特别适合应用于迎新春、开业庆典、属羊的人过生日等宴席。

2. 瓜雕的原料主要有_________、_________、_________、_________等。

3. 西瓜雕的应用方式主要有三种：________、________、________。

4. 瓜雕技法的种类有：平面雕、_________、________、________、________、________等。

5. 瓜雕的一般步骤有构图、________、________、________、________等。

二、实训题

某酒店要接待高考状元的宴席，请你设计并制作一个西瓜雕刻的作品做展台。

模块 五

人物类雕刻

师傅教路： 人物雕刻是雕刻中最难学的一项，因为我们平时接触最多的就是人了，无论美丑、高矮、胖瘦，我们一眼就能鉴别出来。所以，在雕刻人物的时候，一定要五官准确，身体比例恰当，表情传神。

雕刻作品——福寿双全

一、雕刻原料

南瓜、胡萝卜、青萝卜等。

二、雕刻工具

502 胶水、食雕拉刻套刀、大切刀。

三、制作过程

1. 在实心南瓜头上用大号拉刻刀刻出寿星头部大型。

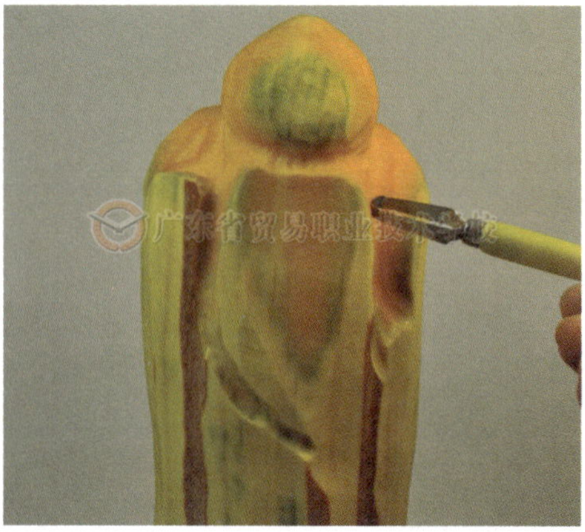

2. 再刻出寿星脸部大型。

3. 另取南瓜用 502 胶水粘接出寿星身体大型。

4. 用大号 O 形拉刻刀拉出寿星衣服褶皱。

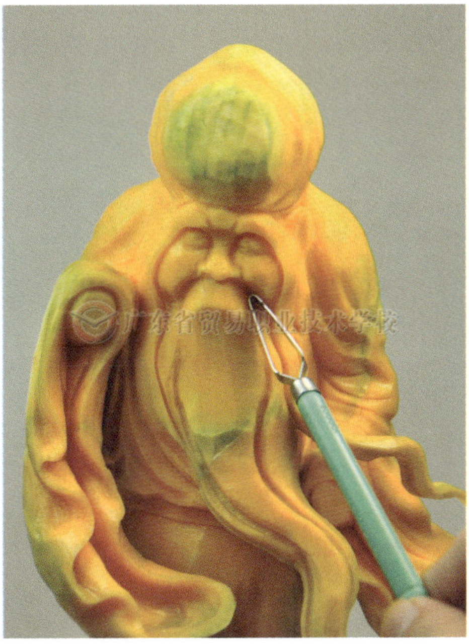

5. 用中号拉刻刀刻出脸部轮廓，注意“三庭五眼”的比例。

6. 用拉刻刀进一步细化，主刀开出眼睛和嘴。

7. 将小块南瓜刻出两只不同姿势的手粘在袖口的位置，装上鞋头，粘在刻好的云彩底座上。

8. 进一步组装，用胡萝卜刻出拐杖，用青萝卜刻出如意，用南瓜刻出蝙蝠等组合即可。

想一想：

1. 寿星在食品雕刻里的意义是什么？
2. 雕刻寿星时应该注意什么？
3. 雕刻前我们应该准备什么工作？

练一练：

自己动手雕刻一个寿星作品。

雕刻作品——观音龙鱼

一、雕刻原料

番薯、南瓜等。

二、雕刻工具

502 胶水、食雕拉刻套刀、QQ 刀系列、大切刀。

三、制作过程

1．用番薯拼接出观音大型，注意头部与身体比例。

2．用南瓜雕刻出龙鱼身体。

3. 雕刻出水浪等，细化龙鱼，再组合成为观音底座。

四、成品图片

想一想：

1. 观音在食品雕刻里的寓意是什么？
2. 雕刻观音时应该注意什么？
3. 雕刻前我们应该准备什么工作？

雕刻作品——渔翁

一、雕刻原料

芋头、胡萝卜、青萝卜、南瓜等。

二、雕刻工具

502 胶水、食雕拉刻套刀、QQ 刀系列、大切刀。

三、制作过程

1. 先选用芋头将龙舟的底座雕刻出来。

2. 用芋头雕刻出渔舟的造型。

3. 用胡萝卜把龙鱼的身体部分雕刻出来。

4. 用南瓜刻出渔翁的大型，最后将所有配件组合即可。

四、成品图片

想一想：

1. 渔翁在食品雕刻里的寓意是什么？
2. 雕刻渔翁时应该注意什么？
3. 雕刻前我们应该准备什么工作？

练一练：

自己动手雕刻一个渔翁作品。

雕刻大讲坛　人物雕刻知多点

人体比例可以这样概括“头分三庭，肩担两头，一手捂住半个脸，立七坐五盘三半”。正常人头部五官的比例，可用“三庭五眼”来表示，而人的身高比例可以用其脑袋的长度来衡量。成年人头部的长度可分为三份，每一份为一庭，而每一庭的长度正好是眉毛到鼻尖的长度。头部的宽度可用一个眼睛的长度来衡量，从左耳边缘到右耳边缘，正好是5个眼睛的宽度。总体上看，人的头部近似于一个椭圆形，耳朵与鼻子的位置平齐且长度相当。“肩担两头”的意思是一个成年男人的肩膀宽度正好是两个头宽（女人的肩膀宽度要窄些）。“一手捂住半个脸”是说手掌的大小与半个脸相仿。“立七坐五盘三半”是说成人站立的身高约为7个头长，坐时的身高约为5个头长，而盘腿坐时的身高约为3个半头长。

关于人物的表情，古人有如下歌诀：

1. 画将无脖项，少女应修肩，佛容宜秀丽，神佛须伟壮；仙贤意思淡，美人要修长，文人如颗钉，武夫势如弓。
2. 若要人脸笑，眼角下弯嘴上翘；若要人带愁，嘴角下弯眉紧皱。
3. 心神畅然手拈须，气怒眼者眼拱张；手抱头者心惊慌，急步行走事紧张。
4. 怒像眼桃把眉拧，哀容头垂眼开离；喜相眉舒嘴又俏，笑样口开眼又眯。
5. 贵家妇，官样妆；耕织女，应时样；娃娃样，要肥胖；庄稼汉，衣裳越薄越显壮。
6. 人各有习，习能有宜，认得此意，画无不奇（泛指人的动作与其生活习惯有关，画者如领会此意，画出人物必新奇可观）。

想一想：

我们会学到哪些人物雕刻呢？学习中最难的地方在哪里？

做一做：

试着绘画一幅人物作品。

雕刻大视野　人物雕刻作品赏析

赏析一：人物雕刻脸谱图

雕刻原料：南瓜。
雕刻工具：食雕拉刻套刀、QQ 刀系列、大切刀。

赏析二：童趣

雕刻原料：青萝卜、胡萝卜、白萝卜、“心里美”萝卜等。
雕刻工具：食雕拉刻套刀、QQ 刀系列、大切刀。

知识拓展　雕刻题材及古代图案代表的寓意

中国文化源远流长，在任何朝代任何时期的首饰上都有文字和图案。文字可以按照字面的意思理解，图案则代表了很多的寓意。以下是一些图案的归类和其寓意：

一、人物篇

1. 如来：即如来佛，是万佛之祖，有通天彻地的本领。

2. 达摩：达摩面壁九年修行，有“面壁九年成正果，风风火火渡江来”的说法。是中国禅宗的初祖。常有达摩渡江、达摩过海、达摩面壁等造型。

3. 佛：佛可保佑平安，寓意有福（佛）相伴。常取材于大肚弥勒佛造型，是解脱烦恼的化身——开口便笑，笑天下可笑之人；大肚能容，容天下难容之事。

4. 观音：观音慈悲普度众生，是救苦救难的化身。

5. 钟馗：扬善驱邪，常有钟馗捉鬼的造型。

6. 财神：招财进宝之意。

7. 八仙：八仙过海，各显其能，八仙庆寿。八仙是张果老、吕洞宾、韩湘子、何仙姑、铁拐李、汉钟离、曹国舅、蓝采和。有时用八仙持的神物法器寓意八仙或八宝。八种法器是渔鼓、宝剑、横笛、荷花、葫芦、扇子、阴阳板、花篮。

8. 罗汉：有 18 罗汉、108 罗汉造型，均是驱邪镇恶的护身神灵。

9. 寿星老：寓意长寿。

10. 刘海：与铜钱或蟾一起寓意刘海戏金蟾或叫作仙童献宝。

二、动物篇

1. 龙：祥瑞的化身，与凤一起寓意成双成对或龙凤呈祥。

2. 凤：祥瑞的化身，与太阳、梧桐一起寓意丹凤朝阳。

3. 狮子：表示勇敢，两只狮子寓意事事如意。一大一小狮子寓意太师少师，意即位高权重。

4. 龟：平安龟或长寿龟，与鹤一起寓意龟鹤同寿。带角神龟即长寿龟。龟也代表了坚定。

5. 蟾：蟾与钱谐音，常见蟾口中衔铜钱，寓意富贵有钱。与桂树一起寓意蟾宫折桂，常有三脚蟾与四脚蟾之造型。

6. 仙鹤：寓意延年益寿。鹤有“一品鸟”之称，又意一品当朝或高升一品，与松树一起寓意松鹤延年，与鹿和梧桐寓意鹤鹿同春。

7. 羊：洋洋得意，三只羊寓意三阳开泰。

8. 喜鹊：两只喜鹊寓意双喜，和獾子一起寓意欢喜。和豹子一起寓意报喜，喜鹊和莲在一起寓意喜得连科。

9. 驯鹿：福禄之意，与官人一起寓意加官受禄。

10. 麒麟：麒麟送子。祥瑞兽，只在太平盛世出现。

11. 蝙蝠：寓意福到。五个福寓意五福临门。和铜钱在一起寓意福在眼前，与日出或海浪一起寓意福如东海。

12. 貔貅：据说貔貅是龙王的九太子，它的主食是金银财宝，自然浑身宝气，因此深得玉皇大帝与龙王的宠爱。不过，吃多了要拉肚子。有一天，忍不住而随地便溺，惹玉皇大帝生气了，一巴掌打下去，结果打到屁股上，屁股就被封住了。从此，金银财宝只进不出。这个典故传开来之后，貔貅就被视为招财进宝的祥兽了。据记载，貔貅是一种猛兽，为古代五大瑞兽之一（龙、凤、龟、麒麟、貔貅），称为招财神兽。貔貅曾为古代两种氏族的图腾。传说帮助炎黄二帝作战有功，被赐封为“天禄兽”，即天赐福禄之意。它专为帝王守护财宝，称为“帝宝”。又因貔貅喜食猛兽邪灵，故又称“辟邪”。中国古代风水学者认为貔貅是转祸为祥的吉瑞之兽。貔貅有二十六种造型，七七四十九个化身，其口大、腹大、无肛门，只吃不拉，象征揽八方之财，只进不出，同时可以镇宅辟邪，专为主人聚财掌权。古贤认为，命是注定的，但运程可以改变，故民间有“一摸貔貅运程旺盛，再摸貔貅财运滚滚，三摸貔貅平步青云”的美好祝愿。

13. 大象：寓意吉祥或喜象，与瓶一起寓意太平有象。

14. 鲤鱼：鲤鱼跳龙门。龙头鱼寓意平步青云、飞黄腾达。

15. 金鱼：寓意金玉满堂。

16. 猴子：猴骑于马上寓意马上封侯。与印一起寓意封侯挂印。大猴背小猴寓意代代封侯。

17. 雄鸡：吉祥如意，常带五只小鸡寓意五子登科。

18. 螃蟹、甲壳虫：富甲天下。

19. 蜘蛛、海螺：知足常乐。

20. 鼠：代表了顽强生命力，鼠聚财的本领也是数一数二的。和钱在一起，代表数钱。

21. 十二生肖：护身符、辟邪，祈求平安和幸福。

三、植物篇

1. 兰花：与桂花一起寓意兰桂齐芳，即子孙优秀的意思，兰花也象征了品性高洁。

2. 梅花：和喜鹊在一起寓意喜上眉梢。松、竹、梅一起寓意岁寒三友。古人说，梅

具四德，初生蕊为元，开花为亨，结子为利，成熟为贞。后人又有另一种说法：梅花五瓣，是五福的象征。一是快乐，二是幸运，三是长寿，四是顺利，五是我们最希望的和平。

3. 豆角：四季发财豆，也称为福豆。

4. 葫芦：福禄之意。

5. 百合：百年好合。与藕一块称为“佳偶天成，百年好合”。

6. 莲荷：寓意出淤泥而不染；与梅花一起寓意和和美美；和鲤鱼一起寓意年年有余；和桂花一起寓意连生贵子。一对莲蓬寓意并蒂同心。

7. 竹子：平安竹，富贵竹。竹报平安或节节高升。

8. 牡丹：富贵牡丹，与瓶子一起寓意富贵平安。

9. 花生：长生不老、早生贵子之意。

四、其他

1. 宝瓶：或花瓶，寓意平安。与鹌鹑、如意在一起寓意平安如意；与钟铃一起寓意众生平安。

2. 风筝：寓意青云直上或春风得意。

3. 平安扣：平平安安。

4. 百鸟图：寓意百鸟朝凤。

5. 花好月圆：指牡丹花和月亮。

6. 麒麟献书：孔子救麒麟得天书，努力学习终成圣人。

7. 君子之交：指灵芝和兰草。

8. 一品清廉：指一茎莲花或一茎荷叶。

9. 苍龙教子：一大一小两条龙或鲤鱼跳龙门、龙头鱼等皆为此意。

10. 官上加官：鸡冠花上站蝈蝈或雄鸡和鸡冠花。

11. 状元及第：常以童子骑龙图表示。

12. 麻姑献寿：传说中的仙女，常用于祝贺女寿诞者。

13. 昭君出塞：传说王昭君是天上的仙女，来平息匈奴长年的战乱。昭君下嫁，在北方草原出现久违的太平盛世。

14. 岁寒三友：松、竹、梅，寓意患难挚友。

15. 踏雪寻梅：寓意怡然自得的情绪和高雅的意境。

16. 犀牛望月：寓意翘首企盼。

认识原料　常见的食品雕刻原料（五）

常见的果蔬雕刻原料

名称	特点与用途	图片
西瓜	西瓜品种很多，按其外表颜色可分为绿皮瓜、黑（深绿色）皮瓜、花皮瓜、黄皮瓜。由于其果肉水分过多，故一般是掏空瓜瓤，利用瓜皮雕刻西瓜灯或西瓜盅。由于西瓜皮外表和肉质的颜色一般有深浅差异，故常取整个瓜在其表皮上进行刻画创作，具有较高的艺术欣赏性。另外由于其瓜肉颜色艳丽，也可以雕刻成大型的花卉，如牡丹花等	
冬瓜	又称白瓜、白冬瓜、枕瓜等，为葫芦科一年生蔓生草本植物，原产于我国南部和印度。外形呈长圆筒形，大小因品种而异。果皮呈绿色，可间有淡绿色花斑，多数品种的成熟果实表面被绒毛及白粉，内空。洗净白粉，可以进行与西瓜相似的浮雕创作，一般主要用来雕刻大型的冬瓜盅、花篮及甲鱼背壳和大型的龙船等	

思考与练习：

1. 人物雕刻要注意什么比例？
2. 雕刻寿星的要点是什么？
3. 试着雕刻作品“寿比南山”。
4. 根据人物类雕刻的方法，试着雕刻现代人物。

模块五自我测验题

简答题

1. 人物雕刻中的“三庭五眼”指什么？怎么划分？
2. 正常人身体比例是多少？
3. 说说“比例法”在食品雕刻过程中的应用。

模块 六

泡沫类雕刻

师傅教路： 泡沫是一种新兴的雕塑材质。20世纪90年代，随着经济的飞速发展、酒店商业的繁荣，泡沫雕刻被大量应用在节庆装饰造型上。泡沫不但价格低廉，材质更有可塑性。

雕刻大讲坛　泡沫雕刻知多点

泡沫（也称发泡胶），是一种新兴的雕塑材质。20 世纪 90 年代，随着经济的飞速发展，酒店商业的繁荣，泡沫雕刻被大量应用在节庆装饰造型上。泡沫不但价格低廉，材质更有可塑性。比如，可以用腐蚀、电烙铁烫的方法，制成各种各样的造型，艺术赋予了其更深的含义。快捷的造型工序，使它能在短时间内塑造出一个个生动活泼，或卡通或写实的鲜明形象。合理的价格还可营造出一幕幕缤纷的场景，在节庆氛围的渲染上起到画龙点睛的作用，每每使客人纷纷驻足，流连忘返，在很大程度上聚集了人气。

泡沫雕刻的圣诞老人、白雪公主、财神、生肖等特色形象点缀街头、广场和大堂，在中西方重大节庆中扮演着不可或缺的角色。以至于重大节庆，哪个商家若不做点装饰，便顿感黯然失色。经过多年的发展，泡沫雕刻已从原来单一的节庆装饰造型跨入多元发展阶段。它以可操作性强、便捷的特点，逐步在影视道具、展览展示、广告、模型等领域展现出独特魅力。

泡沫雕刻产品具有重量轻、价格低、制作周期短等优点。广泛应用于展览场所、户外广告、商业空间布置、节庆装饰、品牌推广、视觉形象、圣诞场所布景、娱乐场所布景、影视模型道具、庭院景观及室内外浮雕壁画等，也可以根据要求定制大型工艺品、主题公园餐厅建筑、小区景观及原有建筑物的装饰。

雕刻大视野 泡沫雕刻作品赏析

赏析一：中华腾龙（花泥雕刻）

赏析二：八骏图

赏析三：大展宏图

赏析四：锦上添花

赏析五：花好月圆

赏析六：龙马精神

赏析七：田园时光

赏析八：QQ 企鹅

赏析九：森林之王

赏析十：鲤鱼跃龙门

赏析十一：礼物

赏析十二：逐日

知识拓展　泡沫雕刻的方法

一、切割方法

1. 热熔线切割，用电阻丝加热切割。
2. 用刀片直接切割。
3. 用胶或酸腐蚀法。

二、表面处理

1. 钢锯条或雕刻刀反复雕出造型。
2. 用大齿锯刮出特殊肌理。
3. 用电阻丝溜平。

三、颜色处理

1. 喷漆。
2. 粉彩上色，丙烯上色。

注意事项：苯板雕塑着色是不能直接喷漆的，要先涂一层保护层以免挥发物将苯板溶解，保护层涂好晾干后才可以涂刷或喷漆。涂层可以用立德粉、白乳胶、少量水调制而成。

想一想：

我们会学到哪些泡沫雕刻方法呢？泡沫雕刻较食品雕刻有哪些好处？

认识原料　常见的食品雕刻原料（六）

常见的果蔬雕刻原料

名称	特点与用途	图片
哈密瓜	又称甜瓜，哈密瓜分网纹、光皮两种。形状有椭圆、卵圆、长棒形等多种。色泽有绿、黄、白等。哈密瓜可以用来刻瓜盅、瓜灯、篮筐，具有较高的艺术欣赏性	
番茜	又称欧芹、法香等，产于地中海地区多岩石的海边，其新鲜的叶子常用来做西餐沙拉配菜、水果以及果菜沙拉的装饰，有时也可以生食。如果将其切碎脱水处理的话用途更加广泛，香味也会更加浓郁。雕刻中，主要用于菜肴的装饰和制作大型食品雕刻作品、装饰作品的底座或假山	

思考与练习：

1. 简述泡沫雕刻的制作过程。
2. 泡沫雕刻在餐饮展会中起着什么样的作用？
3. 根据泡沫雕刻的方法，自己设计制作一个泡沫雕刻作品。

模块六自我测验题

一、判断题

1. 禄原为福气的意思，后来意指升官，是传统食雕题材，寓祝愿人们步步高升、飞黄腾达之意，如整雕“指日高升”“封侯挂印”“生财有路”“举案齐眉”等作品。(　　)

2. 适用于食品雕刻的原料很多，只要具有一定的可塑性、色泽鲜艳、质地细密、坚实脆嫩、新鲜不变质的各类瓜果及蔬菜均可。(　　)

3. 雕刻中用途最广泛的是小鸟，它可增加菜肴气氛，常以黄雀、鸽子、喜鹊等作为题材，具有感染力。(　　)

4. 尾部可以说是孔雀最漂亮的部位，由于尾部较大，雕刻时应注意尾部和身体之间的比例，一般尾部长占整个鸟长的1/3。(　　)

5. 老鹰可以单独使用或者组合作看台、看盘，常以“鹏程万里”“大展宏图、壮志凌云”等为题材用于庆功宴、送行宴及一般宴会中，不可作菜肴的装饰、点缀用。(　　)

6. 我们在雕刻凤凰时要抓住各部位的特点，如凤凰有雄鸡的头、母鸡的身、仙鹤的翅、孔雀的羽等，再加以多学、多练，刻好凤凰就容易了。(　　)

7. 冷菜中如“锦上添花”“凤凰戏牡丹”“金鱼闹莲”等拼盘，所用的花是不可食用的。在热菜中一般以点缀衬托为主，所以食品雕刻作品绝对不能食用，主要是用来装饰菜肴。(　　)

8. 用鱼胶粉熬好的凝胶水来涂刷作品，使作品的表面形成一种透明的薄膜来保护水分，不用时放到低温处存放，这样效果更好。(　　)

9. 果蔬雕刻具有一定的季节性，所以不同季节雕刻作品一定不同。(　　)

10. 食品雕刻半成品可以用水泡法来保存，具体做法就是将雕刻好的作品放入清凉的水中浸泡或放入1%的明矾水中浸泡，并保持水的清洁，如发现水变浑或有气泡需及时换水。(　　)

11. 食品雕刻展台作品的颜色要尽量利用原料本身的颜色进行搭配，如南瓜、胡萝卜、“心里美”萝卜及瓜皮、法香等，绝对不能使用色素染色。(　　)

12. 象征命名法是食品雕刻命名应用得最多的一种方法。在我国民俗当中常将某种动物、某种器官赋予某种吉祥的含义，如龙凤比喻夫妻恩爱，鸳鸯比喻夫妻对爱情忠贞不渝。在过生日的宴席中常雕老黄牛、骆驼象征长生不老、长命百岁等。(　　)

13. 我国的食品雕刻艺术历史悠久。早在公元前226—前221年就有关于食品雕刻的记载，由于它仅为宫廷中帝王将相享受，只能供一时观赏无法长期保存，给后人继承和学

习带来了难题，因此发展缓慢。(　　)

14. 食品雕刻使用的工具品种较多，目前还没有统一的规格和标准。操作者需要按自己的要求、观点去选用或自制工具。(　　)

15. 牡丹花和月季花一样应用范围很广，可以单独用来作凉、热菜肴的点缀，也可以用作组合、补充台面或其他装饰。(　　)

16. 花台是花篮、雕刻、盆景的总称，多用于中、低档的宴会，一般不用于大型宴会、冷餐会和西餐酒会。(　　)

17. 食品雕刻是我国饮食文化中的一个重要组成部分，又是很具民族特色的艺术门类，它能够展示中华民族的智慧。外国朋友常把中国的食雕誉为“东方饮食艺术的明珠”。(　　)

18. 菜肴对雕刻作品的应用是有选择性的，它要根据菜肴的内容和具体要求来决定雕刻作品的形态和使用方法。(　　)

19. 食品雕刻艺术是中国饮食文化宝贵遗产中的一部分，早在明朝时期就已流行于世。(　　)

二、简答题

1. 什么是食品雕刻，其作用是什么？
2. 食品雕刻的基本要求有哪些？
3. 食品雕刻具有哪些特点？
4. 食品雕刻在技术要求上表现在哪些方面？
5. 食品雕刻的选材有哪些要求？
6. 根据所选用的原料试列举食品雕刻的种类。
7. 食品雕刻在应用中有哪些注意事项？
8. 什么是组合雕，其特点是什么？
9. 食品雕刻展台在餐饮业经营中有何意义和作用？
10. 食品雕刻创作设计的基本要求有哪些？
11. 说说“比例法”在食品雕刻过程中的应用。
12. 食品雕刻作品常见的命名方法有哪些，请举例说明。
13. 展台设计制作的主导思想和原则如何？
14. 在展台制作时应注意哪些问题？
15. 简述果蔬雕成品的贮存方法。
16. 如何保管冰雕作品？

模块七

果酱画盘饰

师傅教路： 餐饮行业发展迅速，美食文化也不断提升，现代餐饮也会找寻一些成本低廉、出品效率较高、容易让客人接受的盘饰来衬托自己的美食。果酱画盘饰顺应时代的发展，是目前餐饮盘饰中最受欢迎的一种。它完全采用现代感较强的果酱拉线、划线做盘底衬托，选用巧克力果酱，利用裱花袋在盘子上拉线，甩画出具有一定写意的抽象线条、文字、图画等。

荷塘月色

一、原料

草莓果酱、巧克力果酱等。

二、工具

裱花袋、剪刀。

三、制作过程

1. 用巧克力果酱画出荷花的形状。

2. 再画出莲藕的形状。

3. 画出荷花的叶子，注意布局合理美观。

4. 最后成形。

四、成品图片

想一想：

1. 果酱画在餐饮中起什么作用？
2. 可用于果酱画的原料有哪些？

高手支招：

1. 注意甩线的流畅性，不要断断续续。
2. 上色注意相互之间不要晕染。
3. 设计布局要合理美观。

练一练：

用果酱画出荷塘月色作品。

兔兔乐园

一、原料

草莓果酱、巧克力果酱等。

二、工具

裱花袋、剪刀。

三、制作过程

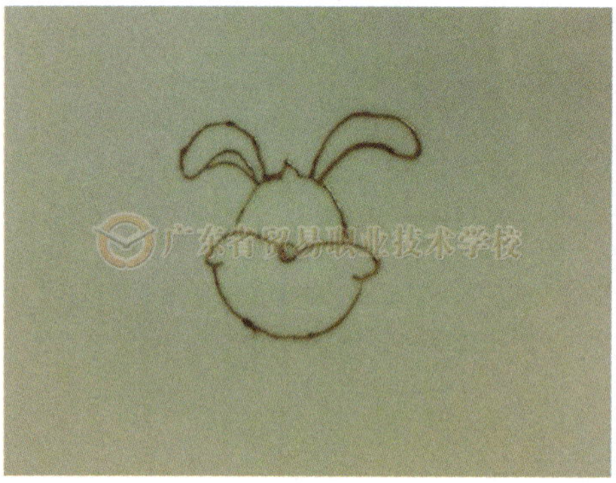

1. 用巧克力果酱画出卡通兔子头部大型。

2. 用巧克力果酱画出卡通兔子的眼睛。

3. 用巧克力果酱画出卡通兔子整体，然后上色。

四、成品图片

练一练：

自己动手画一个果酱画盘饰。

绿叶

一、原料

草莓果酱、巧克力果酱等。

二、工具

裱花袋、剪刀。

三、制作过程

1. 用巧克力果酱画出叶子的大型，再用浅绿、深绿、柠檬黄填充叶子的颜色。

2. 用巧克力果酱画出枝干的大型。

四、成品图片

练一练：

用果酱画出绿叶作品。

年年有余

一、原料

巧克力果酱等。

二、工具

裱花袋、剪刀。

三、制作过程

1. 用巧克力果酱将鱼背部的曲线画出。

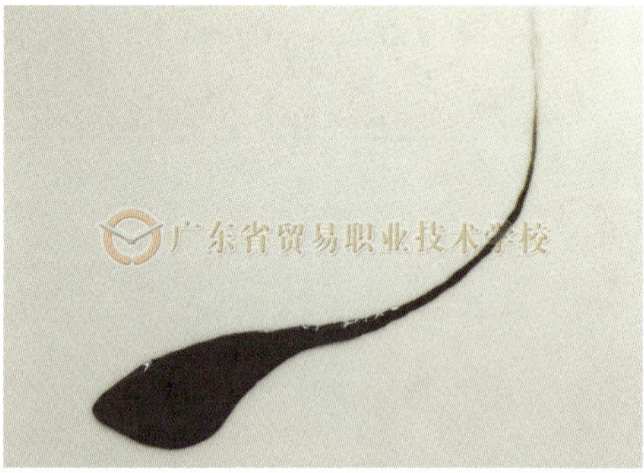

2. 将头部用巧克力果酱填充，类似蝌蚪形。

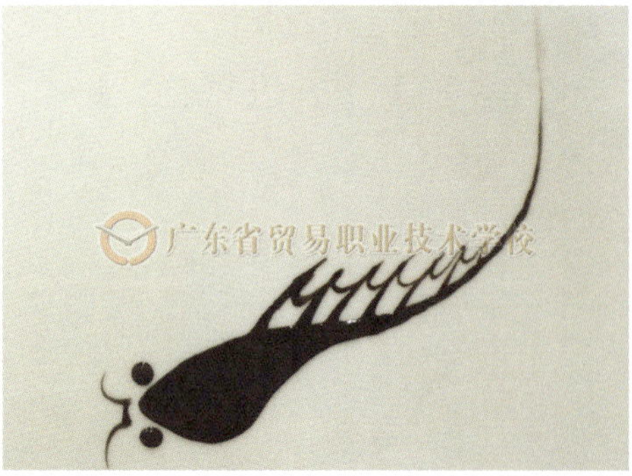

3. 将鱼的背鳍画出。

4. 将鱼身上的鳞片和尾巴画出。

四、成品图片

练一练：

自己动手画一个“年年有余”作品。

项目五

虾趣

一、原料

巧克力果酱等。

二、工具

裱花袋、剪刀。

三、制作过程

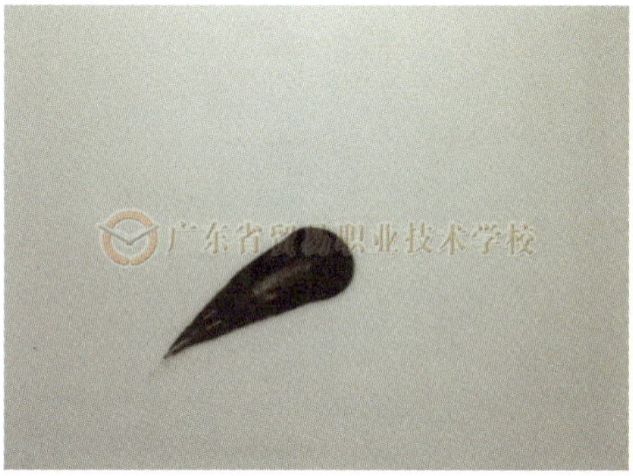

1. 将巧克力果酱用手抹出虾头部的大型。

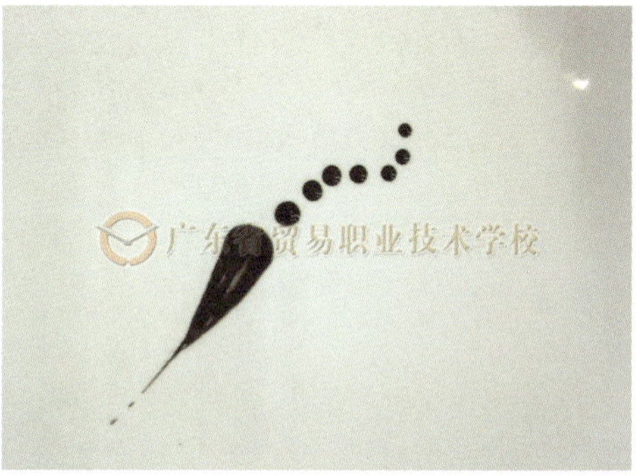

2. 用巧克力果酱挤出虾的身体。

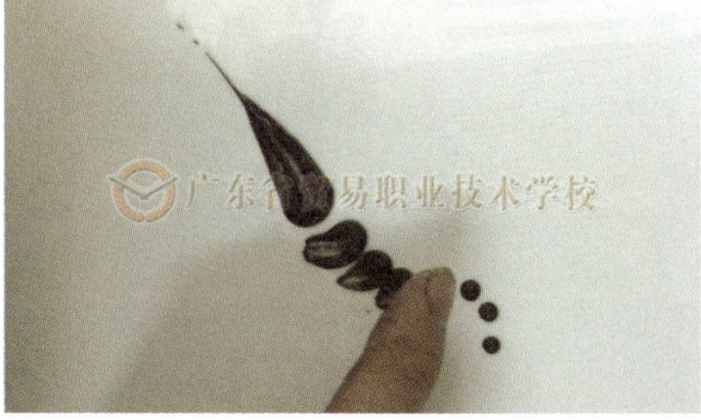

3. 用手抹出虾节的样子。

4. 将虾头和尾巴画出，再将虾钳和脚画出。

四、成品图片

练一练：

自己动手画一幅虾趣图。

蟹

一、原料

巧克力果酱等。

二、工具

裱花袋、剪刀。

三、制作过程

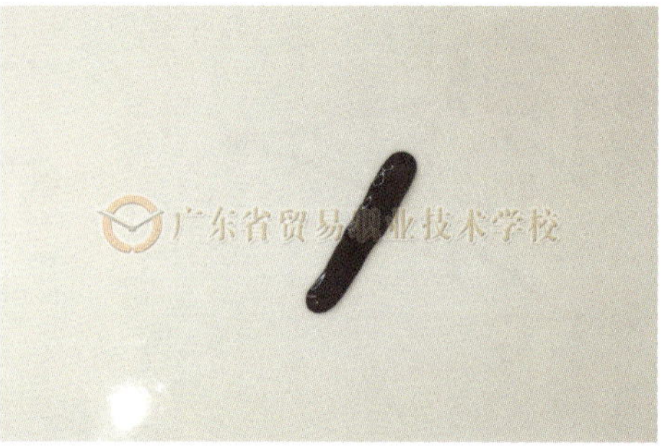

1. 用巧克力果酱在盘子上画一条粗的果酱线。

2. 用手抹出蟹壳。

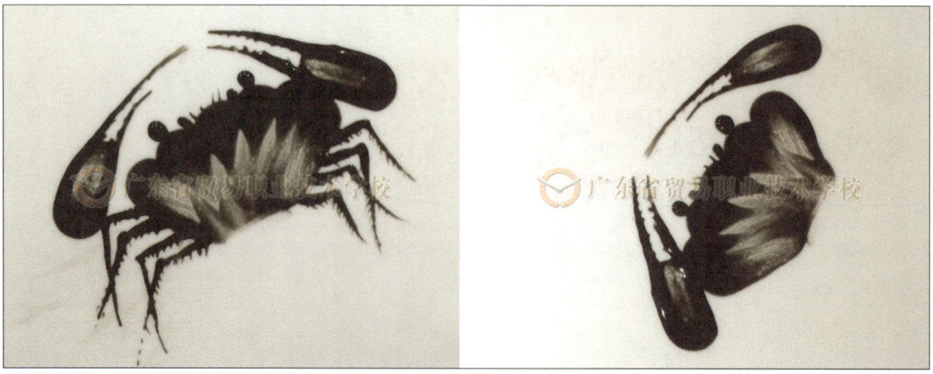

3. 依次画出蟹钳、蟹的眼睛和脚。

四、成品图片

练一练：

自己动手画一幅蟹图。

绶带鸟

一、原料

草莓果酱、巧克力果酱等。

二、工具

裱花袋、剪刀。

三、制作过程

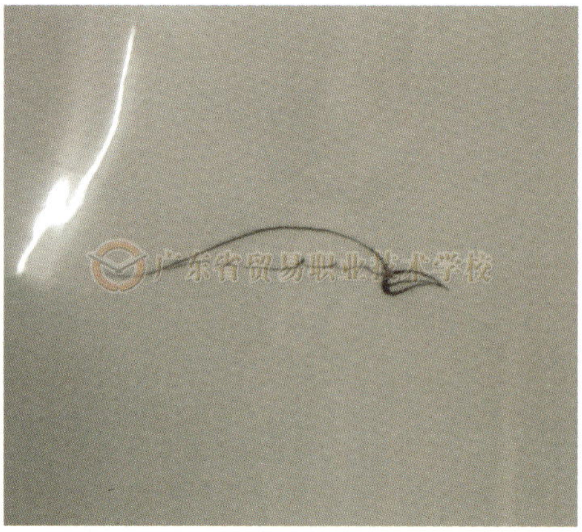

1. 用巧克力果酱画出绶带鸟的头部大型。

2. 用巧克力果酱画出绶带鸟的身体和尾巴部分。

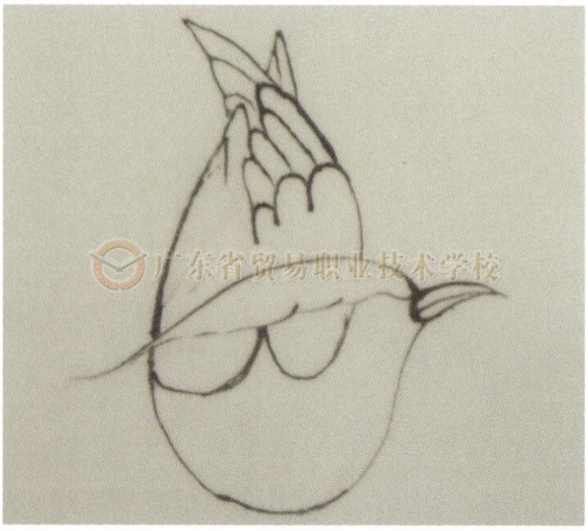

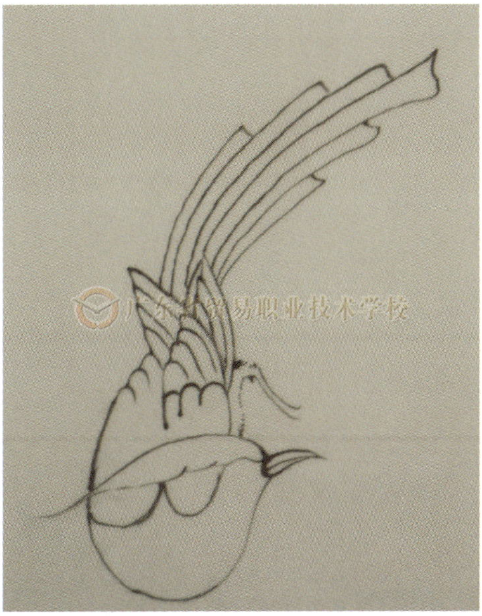

3．用草莓果酱等给绶带鸟上色。

4．画出其他配件组合绶带鸟图。

四、成品图片

小贴士：

果酱画盘饰在实际运用中的作用：

1. 美化菜肴，提升档次。
2. 弥补菜肴不足。
3. 提升菜肴意境。
4. 节约盘饰成本。

练一练：

自己动手画一幅绶带鸟图。

盘饰大讲坛　果酱画盘饰知多点

果酱画盘饰：采用各种果酱、果膏，利用裱花袋或专用果酱画工具在盘子上面画出具有一定造型的抽象线条，用于装饰菜肴或点心。果酱类原料包括巧克力果酱及各种颜色的果酱。成品具有果酱的芳香，颜色鲜艳，线条流畅美观，光亮透明，抽象而有意境。

下面介绍果酱画的一些基础知识：

一、常用基本工具和原料

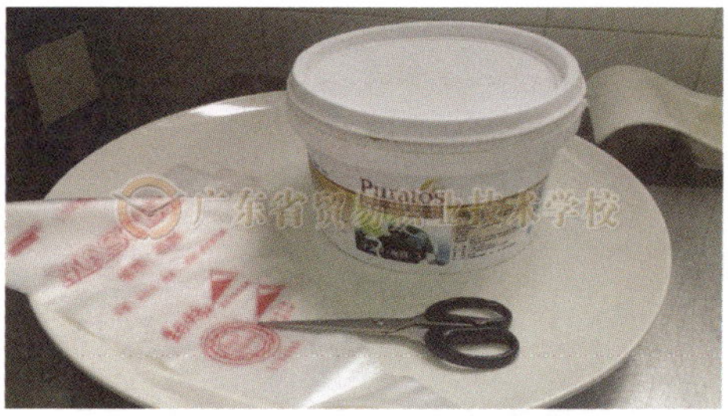

二、灌装制作

1．首先我们准备好剪刀、裱花袋、巧克力果酱等。

2. 加工制作我们买来的果酱，打开桶盖用小勺盛到裱花袋中充分搅匀。

3. 灌装完毕，系住裱花袋的口。

4. 用锋利的剪刀剪去裱花袋的尾部及裱花袋前头，注意剪口不宜太大，可以根据操作喜好调节一下。

5. 这个剪开口很重要。如果剪得不好，不够利索，用的时候效果就不佳，要快速剪开，开口平滑，口不宜太大。

盘饰大视野　果酱画盘饰作品赏析

赏析一：蜗牛

（盘饰，主要用于上味碟菜）

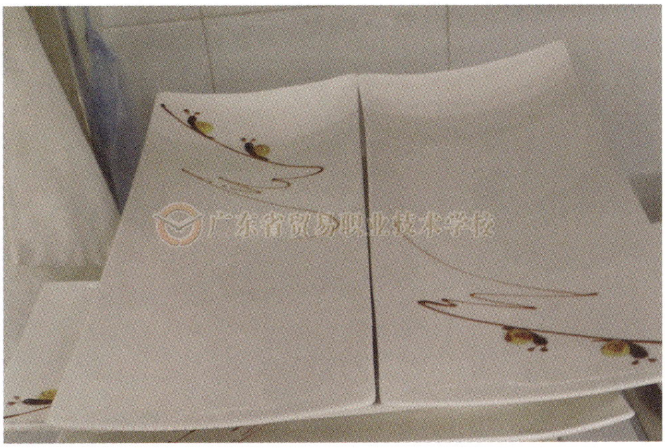

赏析二：松鼠

（盘饰，主要用于爆炒、炸、熘菜）

赏析三：音符小猫

（盘饰，主要用于爆炒、炸、熘菜）

赏析四：国色天香

（盘饰，主要用于爆炒、炸、熘菜）

赏析五：鸟语花香

（盘饰，主要用于爆炒、炸、熘菜）

赏析六：山清水秀

（盘饰，主要用于爆炒、炸、熘菜）

赏析七：蟠桃

（盘饰，主要用于爆炒、炸、熘菜）

赏析八：荷塘月色

（盘饰，主要用于爆炒、炸、熘菜）

赏析九：螃蟹

（盘饰，主要用于爆炒、炸、熘菜）

赏析十：秋色

（盘饰，主要用于爆炒、炸、熘菜）

赏析十一：小鸟

（盘饰，主要用于爆炒、炸、熘菜）

赏析十二：小和尚

（主要用于素菜的碟边装饰）

赏析十三：米老鼠

（盘饰，主要用于爆炒、炸、熘菜）

赏析十四：腾龙

（盘饰，主要用于爆炒、炸、熘菜）

赏析十五：红梅

（盘饰，主要用于爆炒、炸、熘菜）

赏析十六：荷

（盘饰，主要用于爆炒、炸、熘菜）

赏析十七：翠竹

（盘饰，主要用于爆炒、炸、熘菜）

赏析十八：葡萄

（盘饰，主要用于爆炒、炸、熘菜）

赏析十九：绶带鸟

（盘饰，主要用于爆炒、炸、熘菜）

赏析二十：杜鹃

（盘饰，主要用于爆炒、炸、熘菜）

赏析二十一：龙行天下

（盘饰，主要用于爆炒、炸、熘菜）

赏析二十二：夏

（盘饰，主要用于爆炒、炸、熘菜）

赏析二十三：双嬉

（盘饰，主要用于爆炒、炸、熘菜）

知识拓展　食品雕刻作品的贮存

食品雕刻所用的原料大部分都是易失水、易腐败的，所以食品雕刻原料及作品的保管与贮存就变得尤为重要。若保管、贮存不当，在一定的环境影响下，会加快食雕作品的腐败、变质，从而影响食雕作品的效果，严重的还会影响整个工程，败坏企业形象。

引起食雕作品腐败变质的原因有三个。一是食品自身因素。因为所有烹饪原料中均含有各种酶，酶使原料不断进行着一系列的生物化学变化，从而使原料腐败。二是环境因素。温度、湿度、阳光和空气这几个因素，也促使食物发生着各种变化。三是微生物污染。当温度在20℃左右，pH 值为5.8~7.0时，原料中水分含量较高，微生物大量繁殖，也会加快原料的腐败变质。掌握食品雕刻作品变质的原因，可以使我们更有效地控制原料质量，减缓微生物的繁殖，从而延长食雕原料及作品的储存期。

针对食雕作品腐败变质的原因，目前食品雕刻原料及作品常采用以下方法进行保管与贮存。

1. 干燥储存法。

干燥储存法主要针对食品雕刻原材料的储存。它是将一些含水量相对较少的食雕原料，如马铃薯、红薯、芋头等，放置于干燥、阴凉、通风、清洁的区域直接储存，其温度最好为13℃~21℃，若温度过高，原料则易失水干瘪变蔫或腐烂变质。干燥储存法要避免阳光的直射，以免加速质变。有条件的，可以将原料逐一用保鲜膜或塑料袋包裹起来后贮存，这样可以避免水分挥发过快，保住原料内部的水分，特别是南瓜、萝卜这类原料，水分挥发后，容易空心，不利于操作，影响成形效果。

2. 湿布包裹法。

湿布包裹法是用清水打湿洁净的毛巾，然后将原料包裹起来的方法。这种方法适用于雕刻过程中半成品原料的保湿，以免雕刻时间过长，先雕好的原料失水变形或变色，影响作品效果；若当天没能完成、第二天还要继续制作的半成品，也可采用此方法。用湿布包裹半成品时，要注意毛巾水分不可过多，以免雕好部分的原料吸水，脆性增强，容易断裂。

3. 直接浸泡法。

顾名思义，直接浸泡法就是将雕件直接浸泡于清水中的方法。这种方法适宜于短时间雕刻作品的贮存与保湿，以利于作品展示前处于最佳状态，该方法也用于一些需精细处理的位置，雕刻前先泡水，使原料吸足水，增强硬度，方便细节的雕刻与展现。直接浸泡法需注意浸泡所用的器具一定要干净，没油污，否则会加快原料的腐败。

4. 矾水浸泡法。

矾水是清水与1%的明矾调制而成的溶液。明矾又称为白矾、钾矾、钾明矾，是由明矾石经煅烧、萃取、结晶而得到的一种无色透明、坚硬的大结晶块或白色结晶性粉末。明矾溶于水，在水中会发生水解作用，生成氢氧化铝的胶体沉淀，故可用作净水剂，以凝聚水中的浮游物及杂质。用明矾溶液浸泡食雕作品，可以起到清洁雕件、防止腐烂变色、延长贮存时间的作用。若用矾水浸泡原料，发现水质浑浊时，应及时更换同比例的新明矾溶液浸泡雕件，以免质变。

5. 高温冰箱贮存法。

高温冰箱是相对于低温冰箱而言的，高温冰箱温度应控制在2℃～4℃。若温度过低，原料内部水分易冻结，影响作品效果；温度过高，又达不到抑制微生物生长、繁殖的目的。这一方法可有效减弱原料内酶的作用，使微生物丧失活力，从而达到较长时间贮存雕刻作品的目的。雕刻作品在进入冰箱前，最好不要用水泡，而且要用塑料袋或保鲜膜包好，放入冰箱冷藏，使用前从冰箱内取出，再用清水浸泡。一些小件的雕刻作品，可以放入洁净的塑料容器内盖上盖放入冰箱。另外，冰箱的清洁卫生也极为重要，冰箱应清洗干净，擦干水，否则也会加速原料质变。

6. 冷冻贮存法。

冷冻贮存法是将雕刻作品放置于－18℃或更低温度冻库贮存的方法。这种方法适宜于冰雕的贮存，一般的果蔬雕刻则不能采用这种方法。冷冻贮存法可以将雕件长时间贮存，只要不损坏，就可以一直存放而不坏。

7. 琼脂涂抹法。

琼脂也叫洋菜、琼胶、冻粉，是由琼花菜属植物及海藻中提取的一种多糖混合物，其组成成分是琼脂糖及琼脂胶。琼脂一般呈细长条状，或薄块状、细粉状、颗粒状。琼脂不溶于冷水，在使用时应用清水与0.2%的琼脂混合加热，待完全溶化后，趁热涂抹于食雕作品上，待其冷却后形成凝胶，包裹于原料表面，形成一层保护膜，起到隔氧、保水、保色的作用。在熬制琼脂溶液时，根据琼脂品质的优劣，酌情增减琼脂的用量。琼脂质优少用，质次则加大用量，但需注意用量不可过大，以免涂抹过厚，影响雕刻作品的观赏效果。

除了琼脂外，还可以用明胶（一种用动物的皮、骨、软骨、韧带、肌膜等富含胶原蛋白的组织，经部分水解后得到的聚合物），但明胶受潮后极易被细菌分解，加速微生物的生长繁殖，导致食雕作品变质，所以涂抹了明胶的雕件，不宜久贮。

8. 清水喷淋法。

清水喷淋法主要用于布置好的展台上食品雕刻作品的保鲜处理。其方法是将清水装于喷壶内，在展示期间定时给雕刻作品喷水，保持作品的水分，避免作品内部水分在展厅高温环境下挥发，致使作品干枯、变色、失去光泽。实施清水喷淋法时，应注意采用量少勤喷的方式，每次少喷一点水，只将作品表面淋湿即可，避免喷的水流到台面上，污染展台。

9. 包裹浸泡法。

该方法特别适合于在没有冰箱的情况下，较长时间贮存雕刻半成品或成品。操作方法是：先将作品用保鲜膜包裹几层，或用保鲜袋将作品装好并封好口，然后放入洁净的容器中放平、放稳，再倒入冷水，使其降温贮存。包裹浸泡法用保鲜膜包裹，既可以避免原料内部水分挥发，又可以阻止空气进入。用冷水浸泡，可以降低温度，减缓微生物的生长繁殖速度，从而达到延长保存期的目的。这种方法在使用时应注意，保鲜膜或保鲜袋封口一定要封严，避免清水与原料直接接触。

认识原料　常见的食品雕刻原料（七）

常见的果蔬雕刻原料

名称	特点与用途	图片
南瓜	又称番瓜，一般常用长条形南瓜进行雕刻，长条形南瓜又有“牛腿瓜”之称，是雕刻大型食品雕刻作品的上佳材料。用南瓜雕刻的作品色泽温润、细腻而柔和、美观而显气魄。南瓜适合雕刻黄色的花卉、各种动态的鸟类、大型动物，以及人物、亭台楼阁。空心的南瓜可用来刻南瓜盅、瓜灯、鱼篓、篮筐等。因此，南瓜是食品雕刻的理想材料	
黄瓜	又称青瓜等，常见的青皮有带刺黄瓜、白皮黄瓜、青白皮黄瓜等品种。黄瓜成熟后瓜肉与瓤、籽分离，嫩、熟黄瓜均可以用来作为雕刻原料，用于雕刻船、盅、青蛙、蜻蜓、蝈蝈、螳螂、花卉以及盘饰。黄瓜皮可以单独制作拼摆的平面图案，也可以根据需要与其他原料配合使用	

想一想：

1. 果酱画对菜肴装饰起什么作用？
2. 果酱调制过程中应该注意什么？

模块七自我测验题

实训题

1. 请为菜肴糖醋排骨设计并画出搭配的盘饰。
2. 请画出一幅“龙啸九天”的果酱画作品。
3. 如果今天是你爷爷的寿宴，请在圆盘上画一幅以“延年益寿”为主题的果酱画作品。

参考文献

1. 张卫新．快速学食雕：龙凤造型．上海：上海科学技术文献出版社，2010.
2. 罗家良．瓜雕技法．沈阳：辽宁科学技术出版社，2006.
3. 罗家良．花鸟雕技法．沈阳：辽宁科学技术出版社，2006.
4. 赵春源．中华食雕艺术教程：龙雕．北京：中国商业出版社，2005.
5. 邓超．邓超食雕艺术：快速食雕拉刻刀技法．天津：天津科学技术出版社，2008.
6. 汪孝池．食品雕刻技法与运用．沈阳：辽宁科学技术出版社，1997.
7. 李凯．食品雕刻基础教程．成都：四川科学技术出版社，2008.
8. 文歧福，邓超．食品雕刻与菜肴盘饰设计．北京：机械工业出版社，2012.

图书在版编目（CIP）数据

食品雕刻与盘饰/凌红妹主编．—广州：暨南大学出版社，2016.9（2022.2 重印）
（食品生物工艺专业改革创新教材系列）
ISBN 978－7－5668－1911－6

Ⅰ．①食…　Ⅱ．①凌…　Ⅲ．①食品雕刻—职业教育—教材　Ⅳ．①TS972.114

中国版本图书馆 CIP 数据核字（2016）第 190521 号

食品雕刻与盘饰
SHIPIN DIAOKE YU PANSHI
主　编　凌红妹

出 版 人　张晋升
策划编辑　张仲玲
责任编辑　李倬吟　林冬丽
责任校对　周海燕
责任印制　周一丹　郑玉婷

出版发行　暨南大学出版社（510630）
电　　话　总编室（8620）85221601
　　　　　营销部（8620）85225284　85228291　85228292　85226712
传　　真　（8620）85221583（办公室）　85223774（营销部）
网　　址　http://www.jnupress.com
排　　版　广州市天河星辰文化发展部照排中心
印　　刷　深圳市新联美术印刷有限公司
开　　本　787mm×1092mm　1/16
印　　张　11.75
字　　数　300 千
版　　次　2016 年 9 月第 1 版
印　　次　2022 年 2 月第 6 次
印　　数　7001—8500 册
定　　价　45.00 元